電力危機

私たちはいつまで高い電気代を払い続けるのか？

宇佐美典也

星海社

251

SEIKAISHA SHINSHO

はじめに

私が経済産業省を辞めることを決意したのは2011年3月のことだった。

言うまでもなく東日本大震災、そしてそれを契機に起きた福島第一原子力発電所事故がそのきっかけだった。あの時節電のために灯りを消し真っ暗にしてエアコンも止めた寒い部屋の中で「この事故を機に一つの時代が終わり、新しい時代が始まるのではないか」と感じ、それならば霞ヶ関の外に出て、広い世の中を直接見て変わる世界を肌で感じてみたい、という衝動が湧いてきたのだ。

といっても色々と残務をこなしているうちに実際に辞めるのは2012年9月になったのだが、あれから11年経って確かに時代は変わった。それを感じたのもやっぱり節電のために真っ暗にしてエアコンを止めた寒い部屋の中だった。

2022年3月22日、電力不足により日本初の電力需給ひっ迫(ぱく)警報が東日本に出た日のことである。

私自身、退職後は紆余曲折あって電力業界の片隅に身を置くことになったこともあり、自分の人生について、また日本の将来について考えざるを得なかった。「なぜまたこうなってしまったのだろうか」と。

そういうわけで、この本は今電力業界で起きている危機的な状況について考えるために、2011年3月11日までにあったこと、そしてそこから電力不足という事象が本格化する2020~21年までの10年間に起きたこと、さらにはこの先2030~31年までに起きるであろうことについて書いたものである。

つまり本書は、今起きている「電力不足」という問題を入り口に、我が国の電力システムが抱える問題と、その危機的状況、それがもたらす将来的な影響について分析してみよう、という大層な目的を持った本である。そのために第1章では「なぜ今電力不足が起きているのか」について、第2章では歴史を遡り「9電力体制はどのように誕生したか」について、第3章ではより最近に目を当て「電力自由化はなぜ上手くいっていないのか」について、第4章では「電力の未来はどうなるか」ということをテーマに論考を重ねている。

もう少し具体的にそれぞれの章の内容に触れると、次の通りだ。

まず第1章では「そもそも電気とは何なのか」「電気料金はどのように決まっているの

か」「電気にはどのような発電方法があるのか」といった基礎について解説した上で、本題である「なぜ今電力不足が起きているのか」という点について九州と東京のデータ比較を中心に考え、それを踏まえて構築された今現在の電力システムの問題について分析している。

続く第2章では、日本の電力供給を長く支えてきた「9電力体制」がどのように成立し、国民の信頼を勝ち取っていったのか、ということを「電力王」と呼ばれた福澤桃介と「電力の鬼」と呼ばれた松永安左エ門の人生に焦点を当てつつ、明治時代から戦後まで追っている。また単に歴史を追うだけではなく、電力の商品性や市場形成などに関する理論についても歴史に関連づけて若干解説している。

第3章では、石油危機以降9電力体制の正当性が徐々に薄れ、1990年代以降電力自由化が進められていった経緯をまとめている。電力自由化については大きく前半、後半に分けている。前半では1990年代以降に地域独占が緩和されて新電力が参入したことで、業界全体のコスト意識が高まり石炭火力の開発が進んだこと、2000年代に入ると地球温暖化対策に焦点が当たり9電力の思惑もあって原子力立国が進められたこと、そして東日本大震災によってそれが挫折するまでの流れを見ている。後半では東日本大震災以降「電カシステム改革」が進められて9電力体制が徐々に崩され、供給責任の所在が不明となり、電力不足という問題が起きるまでの展開を概観している。

最後となる第4章のテーマは電力問題の未来である。生活を脅かす電力不足や電気代高騰は今後どうなるのか、どんな停電の備えが必要かといった消費者目線の問題から、その基礎となる電力システム改革はどう進むのか、今後日本が取るべき戦略は何か、日本のEV産業の可能性といったマクロまで一通りを記述した。

このように本書は、電力に関して幅広い論点を押さえており、内容については表面的な点に留まらず、歴史や理論にまで踏み込んだものとなっている。もちろん不足な点もあろうが、今後電力に関して10年単位で起きることを考える上で必要な論点は概ね押さえているであろうし、それが皆様の生活にどのような影響を与えるかという点についても、私なりの考察をもってまとめている。

専門書というよりも、実務的な視点での論考にはなるが、皆様も一度本書を参考にして、生活に密接な電力というインフラのあり方について考えてみてほしい。

目次

第2章　9電力体制はどのように誕生したか

第4章 電力の未来はどうなるか

第1章

なぜ今電力不足が起きているのか

そもそも「電気」とは何か

この本はその名の通り「電力危機」について考える本である。

これから「なぜ電力危機が起きているのか」「電力危機はどれくらい続くのか」「我々はこの電力危機にどう対処すべきか」ということについて考えていくわけだが、電力システムというのは巨大かつ複雑なシステムで、こうした質問には簡単に答えることが難しい。

私自身にとってもこの壮大なテーマを考えるにあたって何から書き始めるか、というのはなかなか難しい問題なのだが、ここは基礎の基礎に立ち戻って

「そもそも電気とは何か」

を考えてみることから始めてみたい。

ただ「基礎の基礎」とは言ったものの、実はこの「電気とは何か」という問題は答えがあるようで案外見つからない、難しい問題である。というのも実のところ「電気」という物質はないからである。

これはたいへん意外なことであり、私もこれを知った時は驚いた。例えば今私の手元には講談社が出版している『新・物理学事典』という本があるのだが、この本には「電気」

という項目はない。もちろん静電気だとか、電気力線だとか、電気容量だとか、電気伝導率とかいった電気にまつわる言葉の定義はたくさん載っているのだが、肝心の「電気」という言葉そのものの定義は載っていない。他に手元にある実業出版から出ている文部科学省検定済みの『電気基礎』という教科書を見ても、電気回路、電気抵抗、電気分解といった言葉はあれど、こちらも肝心の「電気」という言葉そのものの定義は載っていない。

なぜかというと、繰り返しになるが「電気」というもの自体は物理的には存在しないからである。物理学の世界では「電気」という言葉自体に明確な定義はなく、漠然と学問上の一分野を示す言葉として使われているに過ぎない。

そんなわけで我々は普段の生活において「電気」という言葉を大変あやふやに用いている。実際おそらく読者の方のほとんども、いざ「電気って何?」と聞かれると、答えに窮するのではないかと思う。

そこで視点を変えて、今度は物理から離れ国語辞典で「電気」という言葉を引いてみると、違った風景が見えてくる。『デジタル大辞泉』では「電気」について以下のように解説している。

【電気】
❶摩擦電気・放電・電流などの現象。また、その主体である電荷や電気エネルギー。
❷電灯のこと。「―を消す」「―をつける」
❸電力のこと。「―を引く」「―料金」

さすが国語辞典でこの解説はしっくりくる。我々は「電気」という言葉を、第一になんらかの「物理的現象」またはその物理的現象の原因となる「エネルギー」として、第二に生活機器である「電灯」として、第三に「力」として、理解して用いていることになる。結論から言えば、この本では「電気は『エネルギー』の一形態である」として議論を進めていくのだが、せっかくなのでこの辞書で述べられたそれぞれの意味合いで「電気」を考えてみよう

まず「電気を『現象』として捉える」ということについてだが、これはその語源から考えると極めて自然なことである。「電気」を英語で表すと「electricity」である。この「electricity」という言葉は「琥珀」を表す古代ギリシャ語の「elektron（エレクトロン）」と

いう言葉を語源としている。

なぜ「琥珀」が電気の語源となったかというと、ギリシャの哲学者であったターレスが、琥珀を布でこすると糸屑などの軽いものが吸い寄せられる現象を発見したことに由来する。これは摩擦による静電気現象で、我々が幼い頃に下じきで髪を擦って逆立たせていたのと同じようなものなのだが、人類は偶然発見したこのなんだかよくわからない未知の現象をとりあえず「電気」と呼んだのである。

その後幾多の世紀を経て、徐々に電気というものは存在せず、実際に存在するのは電子であって、電子はマイナスの電荷を帯びていて云々、とかいった物理的な背景がわかってくるのだが、それは後の話である。

続いて、「電気」を「電灯」として捉えるということについて、こうした用法に異論を唱える人はいないだろう。読者の皆様もこれまでの人生で少なくとも一度は「電気つけて」や「電気消して」といったフレーズを使ったことがあるだろう。このように「電気」が「電灯」を意味することになったのは、おそらく電灯こそが、庶民が生活の中で初めて、目に見えない「電気」というものの未知なる力を実感する生活器具になったからであろう。とはいっても我が国の電気照明の歴史は案外短く、日本で初めて電気照明の一類型であるアーク灯が設置されたのは1882年と、たった140年前のことである。ちなみに設置された場所は銀座で、今でもその名残として復刻された記念灯（画像1）を見ることができる。

今ではテレビ、照明、洗濯機、冷蔵庫、パソコン、スマートフォン、ストーブ、炊飯器などなど、私たちの生活のありとあらゆる局面に電気機器は浸透しており、電気と私たちの生活は切っても切れない関係になっているが、電気の持つ未知なる力を庶民に初めて実感させた電灯は今でも「電気」と呼ばれているというわけだ。

そして最後の、「電気」を「電力」すなわち「力」として捉える、ということについてだが、これは案外私たちが意識しているようでしていないことに思える。先に述べたように実際のところ物理的には「電気」というものは存在しない。ただそれは私たちの直感に必ずしも馴染まず、電気もまた水やガスのように、電力会社が電線を通じて私たちの家

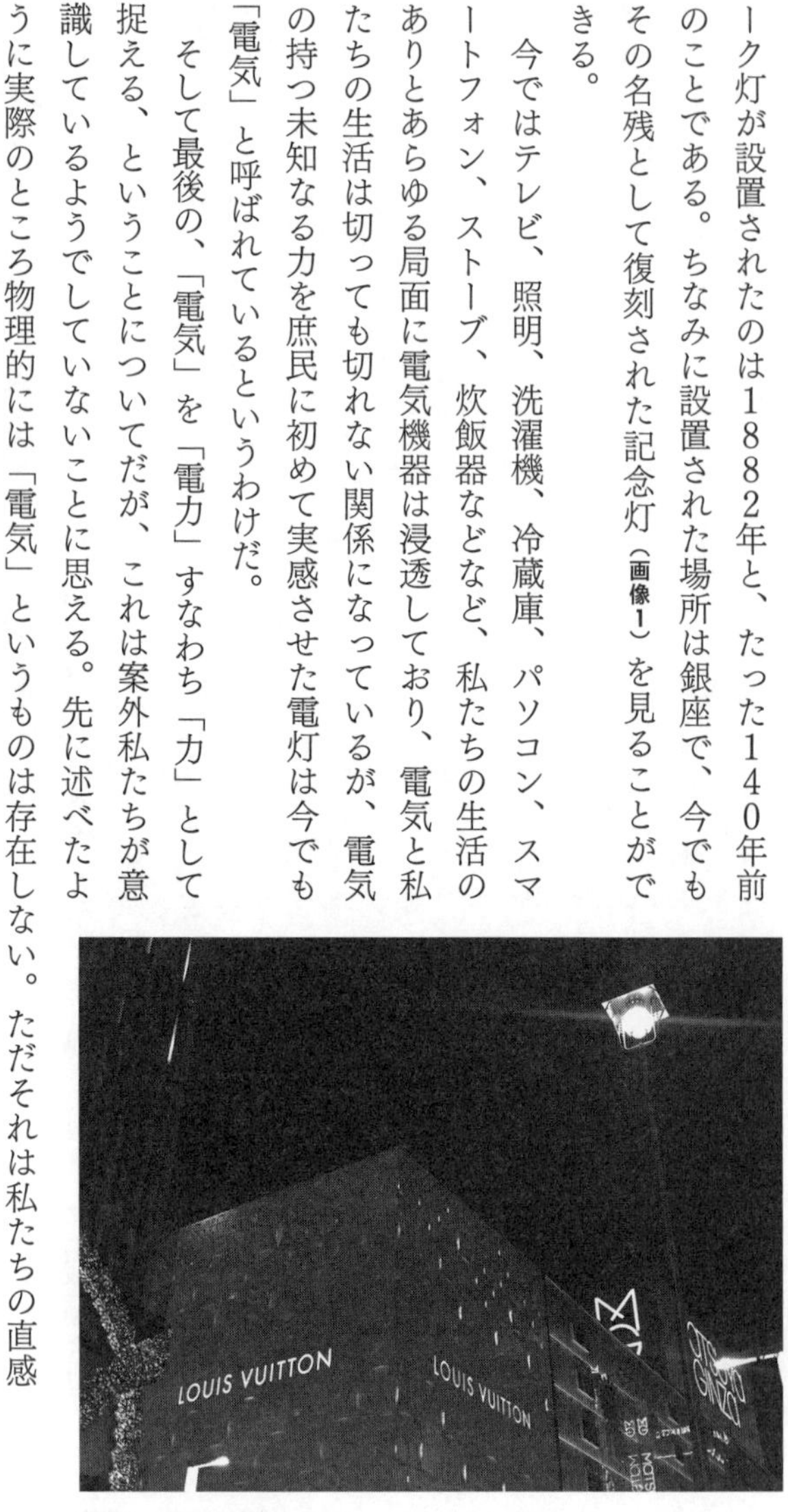

画像１　４代目記念塔

に「電気」という物質を送ってきて、私たちは購入した電気の量に応じて料金を払っているかのように誤解しがちである。

しかしそれは実際には間違った理解で、電力会社は私たちに物質としての「電気」ではなく、「電力」すなわち「力」そのもの、それを蓄積した「エネルギー（電力量）」を売っているのである。皆様のお手元に電力会社からの請求書があれば手に取ってみてほしい。そこには「電気量料金」ではなく「電力量料金」という言葉があるはずだ。我々は「電気」の量ではなく「電力」の量に応じて電気代を払っているのだ。

そんなわけで我々は「電気」という言葉を現象として、生活機器として、力として、さらにはエネルギーとして用いている。この本でもこうした用法に合わせて、エネルギーとしての電気に焦点を当てつつも、電気の物理的な側面、生活に与える影響などを総合的に捉えながら、電力危機の本質に関して伝えていくことを目指そうと思う。

「エネルギー」とは何か

先ほど述べた通り、電気とは「エネルギー」である。

と、言われるとなんだかわかった気になるのだが、ここでまた当然の疑問として「エネルギーとは何か」という疑問が生まれてくる。このエネルギーという言葉も身近なわりに我々は結構あやふやに用いている言葉である。筆者自身も幼い頃から「エネルギー」という言葉を意味も知らないままに用いていた一人で、小学校の頃『ドラゴンボール』のアニメを見た次の日は「くらえ！　連続エネルギー弾!!」などと叫びながら友達と公園で遊びまわっていたことを思い出す。

私ももう小学生ではなく41歳になり、電力業界で専門家として生きている身なので、さすがにエネルギーの定義が曖昧なままで電力問題を語ることはできない。そこで本題に入る前に「エネルギーとは何か」を確認しておこう。

結論から言えば「エネルギーとは『力』の蓄積」である。

なお「力」というのもまた我々が曖昧に用いている言葉であるが、物理学的には「何かしらの物体を動かすための働きかけ」を意味し、その「力」を一定の大きさにひとまとめにした単位を「仕事」という。

- 物を動かすためには「力」が必要で、
- 「力」の距離的な蓄積が「仕事」で、

・「仕事」の時間的な蓄積を「エネルギー」と呼ぶ。

と覚えておけばいい。繰り返しになるが、「力」をまとめて単位化したものが「仕事」で、「仕事」の蓄積が「エネルギー」である。読者の方も「電気とはエネルギーである」と言われるとまだあやふやに聞こえるだろうが、「電気はエネルギーであって、力の蓄積である」と言われるとより理解しやすいだろうし、電気を使っていろんな物を動かすことの意味がわかってくるだろう。

感覚的にはこれだけ理解してもらえば十分なのだが、せっかくなのでエネルギーにまつわる単位に着目してもう少し議論を掘り下げてみることとしたい。計算が嫌いな人は眺める程度で読み飛ばしてもらってもいい。

電気の世界では通常、

・エネルギーは「ワット時（Wh）」
・仕事は秒単位だと「ジュール（J）」、1時間単位だと「ワット（W）」
・力は「ニュートン（N）」

という単位が使われる。それぞれの定義を式にまとめると簡単で、

- 力（N）＝質量（kg）×加速度（Δm／t）
- 仕事＝力（N）×距離（m）
- エネルギー＝仕事（J）×時間（s）

という関係になる。

体感的には、勢いをつけて体をドーンと瞬間的に壁にぶつけるのが「力」（N）、特定の物を特定の地点から決められたところまで手で持って運ぶのが「仕事」（J、W）、その仕事を何時間も繰り返すのに使う力の総計が「エネルギー」（Wh）というところである。次の図表1は力と仕事とエネルギーの関係を立体的なイメージで表したものなので参考にしてほしい。力は2次元、仕事は3次元のひとまとまり、エネルギーは仕事を積み上げたものだ。

他にも私たちが身近に感じるエネルギーの単位として「カロリー（㌍）」がある。スー

パーマーケットやコンビニでは商品が内包するエネルギーがカロリーで表示されており、我々はそれらの食品を食べることで日々活動するエネルギーを補給している。

ダイエットや体重管理を意識したことある人ならば誰しも、コンビニで商品を手に取り裏返してカロリー表示と向き合い、「これ食べると太るかな〜」などと買うか買わないか悩んだことがあるだろう。この時に指標となるのが「2000kcal」という数字で、これは人間が1日に自然に消費するとされているエネルギー量である。

多少の個人差はあれど、単純に考えれば、1日2000kcal以下の食料しか食べなければ、普通に暮らしていても人はだんだん痩せていくことになるし、逆に2000kcal以上の食料を食べれば体重は増えていくこと

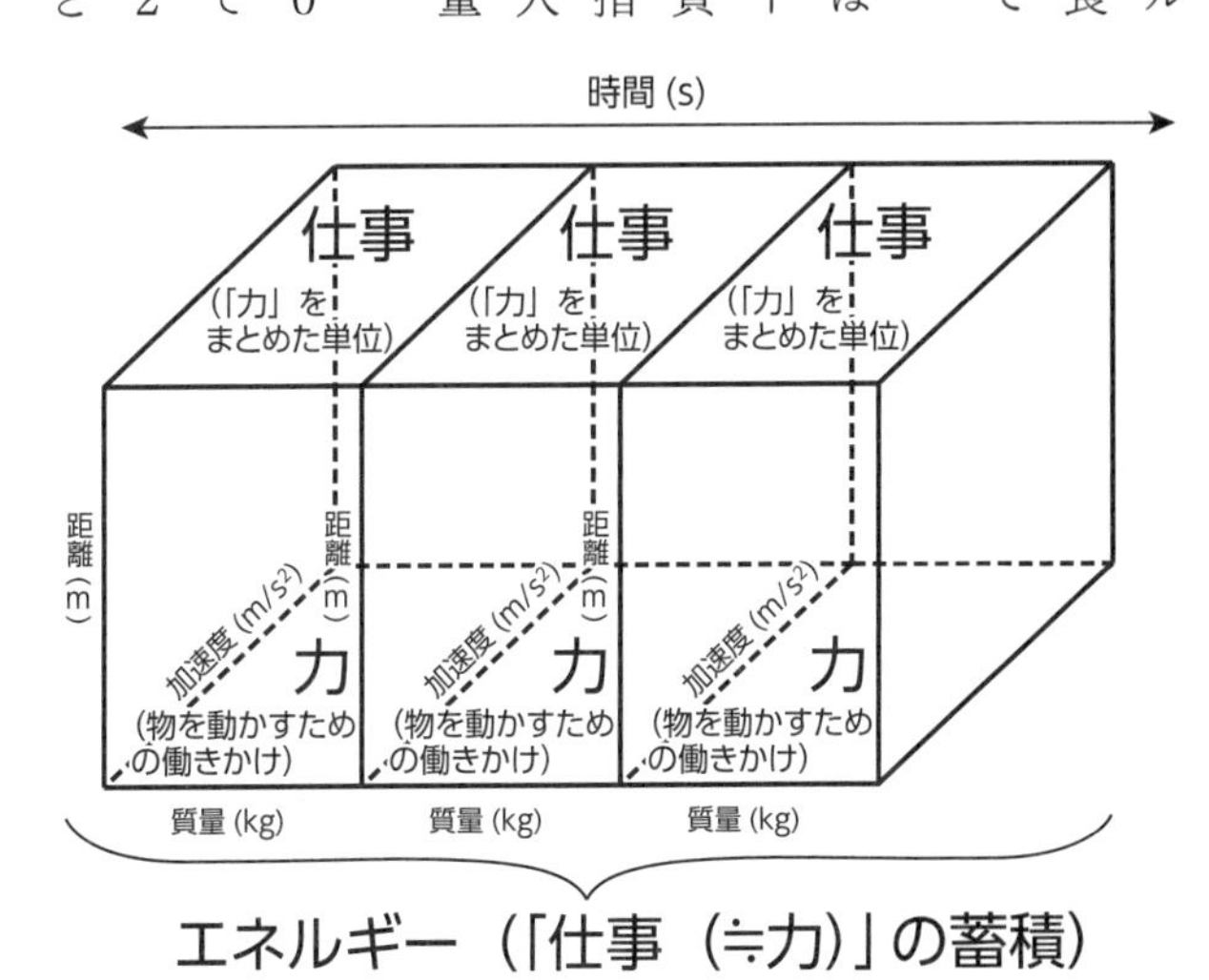

図表1　力と仕事とエネルギーの関係

になる。

この「2000kcal」という数字を電気に直すとどれくらいの分量になるか、ということを考えてみたい。

- 「カロリー（cal）」というのは「水1グラムの温度を1気圧の下で摂氏14・5度から1度だけ上げるのに必要な熱量」を指す。
- これをより一般的な単位である「ジュール（J）」で表すと「1カロリー≒4・2ジュール」となることが知られている。なお1ジュールは「1ニュートンの力で物体を1メートル動かす時のエネルギー」と定義される。ちなみに電気との関係では1ワット（W）の電力を1秒使うと1Jのエネルギーになるとされている。
- 以上を踏まえて2000kcalをジュールに変換すると、2000×4・2で8400kJとなる。
- 前述の通りジュールは秒単位のエネルギーの単位なので、これを我々の身の回りで使われる電気エネルギーの単位である「キロワットアワー（kWh）」に変換するには、8400を1時間の秒数である60×60＝3600秒で割ればいい。これを計算すると

「8400kJ≒2・33kWh」という結論が出る。これが我々が1日に使うエネルギー量だ。

- これを1時間単位の仕事に直すためにさらに24で割ってみると、我々は概ね1時間で0・1kWh（100Wh）程度のエネルギーを使っていることになる。

今、私の足元に電気ヒーターがあり、弱330W、中670W、強1000Wと表示されているが、これは人間に直せば1時間あたり概ね3人分、7人分、10人分相当の生体エネルギーを消費していることになる。ここから、人間が生物として必要なエネルギーは本来かなり少ないのに、実際快適に生活する環境を作るためにはそれを遥かに超えるエネルギーを使っていることがわかる。

だから人間にとって「エネルギーを効率的に使う」ということは持続可能な社会を作る上での至上命題なのである。

電気はどういうエネルギーか

前項では「エネルギーとは何か」について考えたが、ここからは「電気はどのようなエネルギーか」を考えてみようと思う。

エネルギーには全般として大きく、

①エネルギーはさまざまに形を変える
②形を変えてもエネルギーの総量は変わらない（＝エネルギー保存の法則）
③全てのエネルギーは最終的には熱エネルギーになり発散する（＝エントロピー増大の法則）

といった特徴がある。

それぞれについて考えていこう。

まずは「エネルギーはさまざまに形を変える」ということを電気にあてはめて考えてみよう。電気というのはこの観点で人間にとってまことに都合のよいエネルギーである。

例えば私は今朝起床してすぐに照明を点けたが、これは電気を光に変換して使ったことになる。続いて電気ケトルでお湯を沸かしたが、これは電気を熱に変換したことになる。その後、家を出てエレベーターに乗ったが、これは電気を動力として使ったことになる。

そして今パソコンを操作しているが、これは電気を計算資源を動かすためのエネルギー源として用いていることになる。このように電気はさまざまなエネルギーに容易に変換できる、非常に使い勝手のよいエネルギーだ。だからこそ電気はこれほど世界に広まったのである。

ではその電気はどのように生まれたかというと、最初から電気が電気という形で世界に存在しているわけではない。電気は、ガス、石油、石炭、原子力、再生可能エネルギー（水力、太陽光、風力）のような他のエネルギーを変換して作られている。こうした電気の元になる、自然から採取されたままの物質を源にしたエネルギーを「1次エネルギー」という。これに対して電気に代表される、1次エネルギーを変換、加工して利用に適した形に変えたエネルギーを「2次エネルギー」という。よりわかりやすく言えば、発電所で化石燃料を燃やして作られた電気が送電線を通じて私たちの家に送られている、ということだ。

日本全体で見た時に、日本には17965PJ（ペタジュール、ペタは10の15乗＝千兆）の1次エネルギーが投入され、それが電気、ガス、石油製品、石炭製品などさまざまな形に変換されて12082PJのエネルギーが消費されている。本来は②の「形を変えてもエネルギーの総量は変わらない」という特徴を考えればエネルギーの総量は維持されるはずなので、勘のいい読者の方の中には、投入されたエネルギー量と消費されたエネルギー量が異なるのに違和感を覚える方もいるかもしれない。

このズレは③の「全てのエネルギーは最終的には熱エネルギーになり発散する」という特徴に起因するものである。エネルギーはその変換過程で一部が熱エネルギーとして有効に利用されないまま発散してしまうので、投入されたエネルギーと消費されたエネルギーの差分の6000PJ弱は、エネルギーの変換に伴う損失ということになる。

日本では現在1次エネルギーの80％超が化石燃料で、その内訳はガス（23・8％）、石油（36・4％）、石炭（24・6％）となっている。これら化石燃料のほとんどを輸入に頼っている日本としては、国富を無駄に外に出さないために、エネルギー損失が少ない方が望ましいことは言うまでもなく、そのため政府、企業ともに「省エネ」活動に長年励んでいる。

この「省エネ」という観点でも電気は優秀なエネルギーである。

例えば、動力源として代表的なものには石油などの化石燃料を元に熱エネルギーを発生させて利用する「エンジン」と、電気を元に電磁力を起こして回転する「モーター」があるが、単品としてのエネルギー効率を見たら格段にモーターの方が良い。両者のエネルギー効率を比較すると、エンジンは30～40％程度なのに対して、モーターは80～90％もある。

また電気は細かな制御が利くため、必要に応じて機械をフル稼働にしたり低稼働にしたりと高速でスイッチでき、これを応用して使用機器のエネルギー消費量を最小にできる。近年のエアコンではこのような細かい制御が秒単位で行われている。

このため「なるべく電気を生活のエネルギー源にして省エネに努めよう」という「電化運動」に政府は概して積極的である。一昔前ならば家庭内の製品を全て電気に切り替えようという「オール電化」がそれにあたったし、昨今でいえばガソリン車から電動車への切り替えなどがそれにあたる。

ただそうは言っても石油製品の製造など、電気への切り替えがそもそも原理的に難しい領域も多い。そのため現状日本全体で見れば、消費エネルギーのうち電気が占める割合（これを「電化率」という）は25％程度にとどまっている。

このように電気はエネルギーとして、

①使い勝手の良い2次エネルギーである
②利用効率が高い
③インフラさえ整えば遠くに送るのが容易である

という特徴を持っていると言える。

私たちは電気からどれくらいの力を得られるのか

ここで一度、日本全体のエネルギー利用という大きな話から離れ、身近な話に戻って我々の生活と電気の関係について考えてみよう。

左の図表2は私が契約している電力会社（東京ガス）から送られてきた私の個人オフィスの2022年7月の電気料金の請求情報である。見ての通り、129kWhを使って4616円が請求されているわけだが、ここから何が読み解けるか見ていこう。

まず「ずっとも電気1」とプラン名が書かれている横に「30A」という記載が見られる。これは「契約容量」と呼ばれるもので、私がこの契約で使える電流の限界値を示したものだ。

「アンペア（A）」というのは電流の単位で、電流というのは簡単に言えば「（エネルギーとしての）電気の流れ」のことである。より正確なアンペアの定義については「導体の断面を通過する電気量（電荷）が1秒間に1クーロン（C）であるときの電流の大きさが1アンペア」とされている。これを詳しく説明すると物理の話になってしまうので詳細は避けるが、電気量（電荷）というのは電気の世界における質量のようなもので、クーロン（C）はその単位である。

まとめれば、この「30A」という数値は、私が電力会社から買うことのできる1秒あたりの最大の電気量について表していることになる。

ではこの契約で私はどれくらいのエネルギーを使うことができるのか、それを計算するには「電圧」を考える必要がある。「電圧」はその名の通り「電気の世界における圧力」のようなもので、単位は「ボルト（V）」である。

この電流と電圧の値を掛け合わせれば、そこから得られる仕事（出力）がわかる。具体的には家庭では200Vの電圧まで扱うことができるので、このオフィスでは、

供給地点特定番号	03-0011-1000-1892-6530-9031
契約種別	ずっとも電気 1 [30A]
使用期間	2022年6月13日-7月12日 (30日間)

請求額	4,616円 内消費税 419円
基本料金	858.00円
電力量料金	
電力量料金 1 段階目	3,053.43円
燃料費調整額	535.35円
ガス・電気セット割引額	▲275.00円
再生可能エネルギー発電促進賦課金（減免措置適用無）	445.00円
電気料金税抜請求金額	4,197.00円

使用量		129kWh
前年同月	30日間	101kWh
前月	31日間	92kWh

図表2　著者のオフィスの電力料金請求書

30A×200V＝6000W＝6kW

で最大6kWまでの電力を同時に使うことができる計算になる。1秒間に1ジュールの仕事が行われる時の仕事がW（ワット）で、1ジュールはおおよそ100gのものを1m動かす時に使うエネルギーなので、これは600kgのものを1m動かす程度の力ということになる。やや古い例になるが、全盛期の小錦（287kg）二人分である。私は普段30kg程度のものを運ぶのがやっとなので、私自身の20倍の力を得られる権利を得ているわけだ。

これを熱で考えるには、ジュール（J）表記を4・2で割ればカロリー（cal）に変換できるので、6000J÷4・2＝1428・5calになり、15g程度の水を一瞬で沸騰させるくらいの熱量である。やはり到底人間には使えない力を与えてくれる電気は偉大だ。

仮にこの契約に基づいて月30日24時間ずっとフルに電力を使い続ければ、最大で

6kW×24時間（h）×30日＝6kW×720h＝4320kWh

の電力量を使うことができるのだが、現実には夏には１２９ｋＷｈと、その30分の１弱の電力量しか使用していないことが見て取れる。そういう意味では随分この契約を持て余しているように見えるのだが、必ずしもそういうわけではない。

そもそも２００Ｖで駆動する家庭用電気製品なんてそうはない。身の回りの家電を調べてもらえればわかるが、主要な製品の駆動電圧は大抵１００Ｖである。なので現実的にこの契約で引き出せる最大出力は３ｋＷ程度である。

この３ｋＷの容量が具体的にどのような意味を持つのか、電気の使用量が増える冬の生活に当てはめて考えてみよう。

例えば、この狭い20㎡程度の部屋で一番電力を使っているエアコンと電気ヒーターの駆動電圧は両方とも１００Ｖである。気温が氷点下になるような厳冬は当然この両方の機器を稼働したくなる。この時エアコンとヒーターをフル稼働すると、エアコンは９５０Ｗ、ヒーターは１０００Ｗ程度、合計１９５０Ｗを消費することになる。これを１００Ｖで割ると、この二つの製品だけでエアコンは９・５Ａ、ヒーターは10Ａ、合計19・５Ａと契約容量の半分以上の電流を消費しているのがわかる。ここで例えば外出から帰ってきて、いきなり「目一杯部屋を暖めて、あったかいお茶でも飲もう」と電気ケトルでお湯を沸かそうとすると問題が起きてしまう。

　というのも、電気ケトルは消費電力1300W、電圧100Vなので、短時間だが追加的に13A程度の電流が流れることになるからだ。そうすると合計で19・5A＋13A＝32・5Aで契約電流の30Aを超えるのでブレーカーが落ち、あえなくこの部屋は真っ暗になってしまうのである。

　そのため現状の契約では必然的にこの3つの製品は同時にフル稼働できない。もちろん他にも照明やパソコンなどで多少の電力は消費しているので、お湯を沸かすときはヒーターやエアコンを弱くするか止める程度の配慮が必要になる。ということは頭ではわかっているのだが、私はこれを年に数回はやらかして、デスクトップPCでの作業中にブレーカーが落ちてファイルが消えて慌てる、というミスをする。

　このように30Aという契約容量は普段は十分なのであるが、厳暑日や厳冬日になると若干工夫が必要になる、という絶妙なラインで設定されている。他にも標準的な家電のアンペアの目安を参考までに紹介すると冷蔵庫2・5A、テレビ2・1A、電子レンジ15A、炊飯器13A、電気カーペット（全面）8A程度となる。やはり温熱機器は電力の消費が大きい。

　話が逸れたがこの項で学ぶべきことを最後にまとめると

①電気の契約容量（アンペア：A）と
②使用電圧（ボルト：V）をかけ合わせると
③私たちが電気から取り出せる最大の仕事率／出力（ワット：W）がわかる
④1Wの出力を1時間続けたら1Wh（ワット時）の電力量のエネルギー消費になる

ということになる。

今後、電力問題を語るにあたってkWhやkWという単位が頻出するが、この項の議論を踏まえると、それがどの程度のエネルギーなのかをなんとなくイメージできるのではないかと思う。まぁとにかく6kWあれば小錦二人を押し出せるということだ。

電気料金はどのように決まっているのか

せっかく電気料金の請求情報を見たのだから、今度は「電気料金はどのように決まっているのか」について考えてみよう。

今は電力自由化の時代なので、電気料金の契約形態も多様化しつつあるが、それでもほとんどの場合は比較の観点や完成度の高さから、東京電力や関西電力などの大手電力会社に準拠した料金プランが標準的で、多くの新規参入組の電力会社（「新電力」という）もこれに類したプランを採用している。なお電力業界では、「新電力」に対して、かつてそれぞれの地域を独占していた北海道電力、東北電力、東京電力、北陸電力、中部電力、関西電力、中国電力、四国電力、九州電力を「9電力」と呼び、これに沖縄電力を加えた10社を「旧一般電力事業者」（旧一電）と呼ぶ。

旧一電が採用している標準的な電力プランは、

①基本料金
②電力量料金
③燃料費調整額
④再生可能エネルギー（再エネ）発電促進賦課金

の4項目によって料金が決まる方式である。それぞれの項目について説明しよう。

まず「基本料金」は、電気の使用の有無にかかわらず契約容量の大きさに応じて決まる料金である。いわば「電気を使う権利を得るために払う料金」と捉えてもいいだろう。そのため契約容量の大きさを決めるのは家計においては大きな決断である。例えば私が厳冬に備えて「30A」という現行の契約容量を「40A」に引き上げようとすると、月々の基本料金が858円から1144円と286円上がることになる。先ほど述べたように基本料金は電気を使わずとも無条件に払わなければいけないので、この契約変更で年間にすれば3432円も電気代が上がることになる。年間数日あるかないかの厳冬日のためだけにこれだけの支出を増やすのはもったいないので、やっぱり上手いことやりくりして電流を30A以下に抑えよう、という結論になる。

続く「電力量料金」は基本料金とは違い、使用電力量に応じて課される料金だ。料金設定については「3段階料金制」というものが取られており、電力の使用量に応じて徐々に値段が高くなっていく。私が契約しているプランでは2022年12月現在、

- 第1段階（140kWhまで）：23・67円／kWh
- 第2段階（140超〜350kWhまで）：23・88円／kWh
- 第3段階（350kWh超）：26・41円／kWh

となっている。電力会社がこのように電力量料金を段階的に設定するのは、彼らの発電所の運用体制と関係する。発電会社は通常稼働コストが安い発電所から順番に稼働していくので、電力使用量が少ないうちは発電にかかるコストが低コストで済み、その水準を根拠に第1段階料金が設定されている。電力使用量が増えればだんだん高コストになっていくので、それに応じて第2段階、第3段階と料金に反映されていく形だ。なおこのような経済性を考慮した発電所の稼働順を「メリットオーダー」という。

この電力量料金にさらに燃料費の変動を調整するために設けられた項目が「燃料費調整額」だ。日本は1次エネルギーのほとんどを化石燃料の輸入に頼っており、発電という意味では特に液化天然ガス（LNG）と石炭を輸入に大きく依存している。したがってLNGと石炭の価格が想定よりも高騰した場合、それは発電コストに直接大きく影響することになる。燃料費調整制度では基準となる平均燃料価格を設定して、それ以上に燃料費が上がれば電力量料金に上乗せし、下がれば電力量料金から割り引いて価格を調整する。2022年2月24日にロシアがウクライナに侵攻して以来、国際的な化石燃料価格は大きく高騰したので、この燃料費調整額は現在大幅に上乗せされている。どれくらいかというと、夏の請求を受けた時点では概ね4円／kWh程度だったのだが、直近の2023年1月になると12・99円／kWhまで跳ね上がっている。2022年の夏から冬にかけて9円／kWhも料金が上がったわけで、そりゃ電力料金が高くなるのも当然だ。この燃料費調整額は、現在の混乱する国際情勢と我々の生活のある種の接点と見ることもできよう。

最後の「再エネ促進賦課金」は、太陽光発電や風力発電といった再生可能エネルギー（再エネ）の導入を推進するために法定上義務付けられたもので、使用電力量に比例してかかるある種の税金のようなものだ。この単価は再エネの導入量と平均的な発電コストを元に経済産業省が機械的に算定することになっており、2022年度は3・45円／kWhとされている。

以上まとめると私の契約料金プランでの条件は、

- 基本料金：858円
- 電力量料金単価：23・67円／kWh（〜140kWhまで）
- 燃料費調整単価：4・15円／kWh
- 再エネ賦課金単価：3・45円／kWh

となっており、基本料金の858円に、電力料金1kWhあたり31・27円（＝23・67円＋4・15円＋3・45円）払っていることになる。先ほどの2022年7月の例で項目別に見てみよう。使用電力量は129kWhなので、これにそれぞれの単価を掛け合わせると

- 電力量料金＝23・67円／kWh×129kWh＝3053・43円
- 燃料費調整額＝4・15円／kWh×129kWh＝535・35円
- 再エネ発電促進賦課金＝3・45円／kWh×129kWh＝445円

という請求書に記載された金額になる。これら3項目に基本料金の858円を足し合わせて、割引の275円を引けば、4616円という請求額になるという具合である。

これを見ると通常時の私のオフィスでの電力使用量は第1段階料金の枠に収まっており、私は身の丈にあった電力プランを選択しているように思う。これから電力消費が多くなりがちな冬への心がけとして大事なのは、なるべく電力使用量が第2段階料金の上限である350kWhを超えないように意識しておくといったことだろうか。なお2022年は最

大で3月に495kWhほど使ってしまっているので、電力料金が高騰している足元の状況を考えると気を引き締めなければいけないと感じるところである。

皆様にもこれを機に一度、契約している電力会社のホームページなどで電力契約の内容を確認するとともに、自分の電力の使用スタイルを顧みることをお勧めしたい。

電気にはどのような発電方法があるのか

しばらく電力の消費側の観点で議論を重ねてきたので、ここで視点を変えて電力供給側の観点から電力システムを眺めてみることにしたい。まずテーマとするのは「電気にはどのような発電方法があるのか」という点だ。

といっても物理的な発電の原理を細かく説明するつもりはないし、実際そういう細かい議論をしても、あまり電力システムの全体像を理解する上では意味がないと思う。ここではあくまで電気のエネルギーとしての特徴に着目した議論をしたい。

先ほど電気のエネルギーとしての特徴として、

- 使い勝手の良い2次エネルギーである

- 利用効率が高い
- インフラさえ整えば遠くに送るのが容易である

という3つを挙げたが、もう少し物理的な側面に絞った場合、電気にはエネルギーとして大きく、

- 2次エネルギーである
- 他のエネルギーへ容易に転換できる
- 発生と消費が同時である（＝貯められない）

という特徴がある。これは逆に言えば、

- 電気を発電するには1次エネルギーを必要とする
- 電気は電気のまま保存できず、エネルギーとして貯蔵するには他のエネルギーに変換する必要があり、そのため必然的に変換に伴う損失が生じる

発電方式					
（大分類）	（中分類）	一次エネルギー源	発電シェア（2020年度ベース）	発電効率（2020年発電検証WG）	電源の特性（ベース・ミドル・ピーク・VRE）
火力発電	石炭火力	石炭	31.0%	43.5%	ベースロード（ミドル）
	LNG火力	天然ガス	39.0%	54.5%	ミドル
	石油火力	石油	6.3%	39.0%	ピーク
再エネ	水力	位置エネルギー	7.8%	エネルギー源が無尽蔵	ベースロード
	太陽光	太陽光	7.9%	エネルギー源が無尽蔵	VRE
	バイオマス	バイオマス	2.9%	エネルギー源が無尽蔵	ミドル
	風力	風	0.9%	エネルギー源が無尽蔵	VRE
	地熱	地熱	0.3%	エネルギー源が無尽蔵	ベースロード
原子力	原子力	原子力（ウラン／プルトニウム）	3.9%	エネルギー源が無尽蔵	ベースロード
揚水	電力貯蔵	他の電源からの電気を位置エネルギーに変換	―	70.0%	電力貯蔵システム（ピーク）

図表3　発電方法の区分
（経済産業省、資源エネルギー庁等の資料をもとに著者作成）

ということが言える。我々が日々利用している電池は電気そのものを貯めたものではなく、電気を化学的エネルギーとして変換したものである。

こうした特徴を踏まえて発電方法とその特徴を、1次エネルギー源、発電におけるシェア、発電効率、電源の特性という観点でまとめて区分したのが上の図表3である。

結論から言えば、

①1次エネルギー源の観点からは大きく発電方法は「火力」「再生可能エネルギー」「原子力」に、そしてその他電力貯蔵システムとしての「揚水」の4つに分けられる。

②現状日本では概ね火力が76%、再エネが20%、原

子力が４％程度の電気を発電しており、火力に大きく依存している。
③火力発電の１次エネルギー源は石炭、天然ガス、石油という有限の化石燃料で、また発電の過程でエネルギーの50〜60％程度が失われてしまう。一方再エネ、原子力は事実上１次エネルギー源が無尽蔵である。
④揚水発電は２次エネルギーである電気をさらに位置エネルギーに変えて貯蔵するシステムで、再度発電するまでに30％程度の電気が失われてしまう。
⑤電源としての利用形態に着目すると、水力、地熱、原子力は「ベースロード電源」、ＬＮＧ火力、バイオマスは「ミドル電源」、石油火力は「ピーク電源」に、太陽光、風力は「自然変動電源（ＶＲＥ）」の４つに分類される。石炭火力はベースロード電源として分類されてきたが、近年はミドル電源に近い運用がされている。

ということである。⑤の点は複雑なので次項に回すとして、①〜④の点を加味しながら以下簡単に説明する。

発電方法の大きな分類については、エネルギー源が有限か、発電量が自然現象に左右されるか、発電システムかそれとも電力貯蔵システムか、といった観点から、「火力」「再生可能エネルギー」「原子力」「揚水」の4つに分けている。石炭や石油や天然ガスといった化石燃料は地球が長い年月をかけて貯め込んだ有限なエネルギーである。したがって当然有効なエネルギー利用が求められるのだが、残念ながら石炭、LNG、石油、いずれの化石燃料を利用して発電しても1次エネルギーの50〜60%は失われてしまう。そういう意味では火力発電に76%も依存している現在の日本の発電システムはエネルギー利用の観点では非常に非効率と言える。

これに対して、再生可能エネルギーは太陽という事実上無尽蔵なエネルギー源から地球が得ているエネルギーを、何らかの形で採取して利用するものだ。光を通してエネルギーを採取するのが太陽光発電、風を通してエネルギーを採取するのが風力発電、植物や木を通してエネルギーを採取するのがバイオマス、地下から噴き出る蒸気を通してエネルギーを採取するのが地熱発電である。

また、原子力に関しても、ウランやプルトニウムといった核燃料物質から得られるエネルギー量が莫大なため、事実上無尽蔵と言える。ウラン1gから得られるエネルギーは石油2000ℓ分、ドラム缶10本分に及ぶ。ウランの埋蔵量に関しては、鉱物としてはあと100年程度で枯渇する可能性が指摘されているが、海水には鉱山ウランの埋蔵量の10

00倍のウランが溶け込んでいると推定されており、事実上無限と考えられる。したがって「エネルギー源が有限かどうか」という観点からは、発電システムは火力と再エネ及び原子力という区分ができる。

このように再エネと原子力は「エネルギー源が無尽蔵」という意味では同じなのだが、原子力は発電量をある程度人為的に制御できるのに対し、再エネは発電量が自然現象に左右されるという点で異なっている。特に再エネの主力とされる太陽光発電と風力発電は自然条件に発電量が大きく依存するので「自然変動電源（ＶＲＥ：Variable Renewable Energy）」と呼ばれている。

最後に揚水発電システムは、これらの発電形式と比して「電力貯蔵システム」である、という点で大きく異なる。揚水発電は余剰電力を利用して水をポンプで大量に汲みあげ、その水の位置エネルギーを利用して再度水力発電する、というシステムである。このようにエネルギーの変換を何度も繰り返すので、その過程で30％程度のエネルギーが失われてしまう。そのため揚水発電はエネルギー効率の観点ではとても非効率なシステムなのだが、電気はそのままの形では貯められないので、需要と供給の調整に非常に重宝されている。

どの発電方式も一長一短あり、このようなさまざまな電源を組み合わせて最大限使いこなすのが電力システムの妙と言える。こうした多様な電源の最適構成を目指す考えを「エネルギーミックス」という。

電力システムはどのようにエネルギーミックスを実現しているのか

電気はエネルギーそのものであり、ガスや水のような物質と違って容器に貯めることができない。そのため電力システムではさまざまな電源の特性を駆使して、経済性、環境性、経済安定性のバランスをとってエネルギーミックスを構成し、常に需要と供給を一致させる必要がある。

電力の供給が需要より多い状況が続けば品質が乱れて電気製品が正常に稼働しなくなり、逆に需要が供給より多い状況が続けば発電所が過負荷になり、ダウンして停止してしまう。電力の需給調整は非常に難しい作業である。

ただ我々消費者はといえば、よほどの需給逼迫時でなければ電力の供給側の事情を意識することはない。そのため基本的にこの電力の需要と供給の一致という高度な要請は、電力系統網を運用する送電系統運用者（TSO：Transmission System Operator）による発電所の運営司令と、その司令を満たそうとする発電所の努力によって達成されている。TSO

はエネルギーミックスを構成するにあたって、電源を大まかに幾つかの区分に分け、その区分に応じた運用をしていく。このおおまかな分類が前項で述べた、ベースロード電源、ミドル電源、ピーク電源、VRE電源という4つの区分である。

それぞれ説明すると、

ⓐベースロード電源：発電コストが低廉で昼夜を問わず安定的に稼働できる電源。原子力、水力、地熱など。石炭火力も含まれるが最近はミドル電源に近い運用がされるようになっている。

ⓑVRE電源：自然条件によって出力が変動する再生可能エネルギー電源。太陽光、風力など。

ⓒミドル電源：発電コストが中程度で電力需要の変動に応じた出力変動が容易な電源。LNG火力、バイオマスなど。石炭火力も最近はこちらに近い運用がなされる。

ⓓピーク電源：発電コストが高いが電力需要の変動に応じた出力変動が容易な電源。石油火力、揚水など。

といったところで、基本的にはこのⓐ→ⓑ→ⓒ→ⓓの順番が稼働の優先順位となっている。ただこの説明だけを読んでも、実際にどのように電源が運用されているかイメージが湧きづらいと思うので、具体例を簡単に見てみることにしたい。

今回、現状の我が国におけるベストケースとして、2018年10月21日の九州エリアでの運用例（図表4）を取り上げたい。九州エリアは今現在我が国で電力供給が価格、安定性の両面で最も優れているが、九州の電力供給システムの特徴には、

①豊富なベースロード電源
②豊富なVRE電源
③電力貯蔵システムの効率的な利用

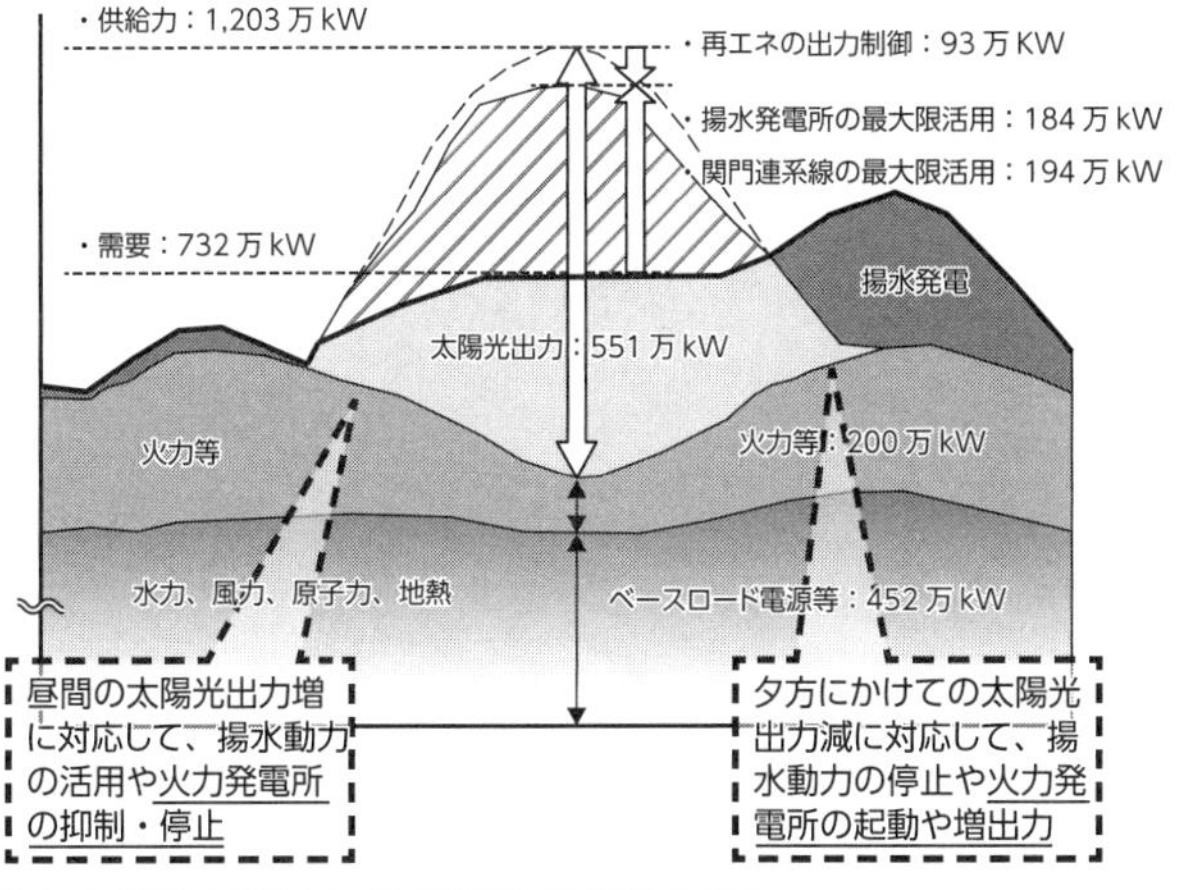

図表4　九州の電力需給イメージ（2018年10月21日の例）
（資源エネルギー庁「エネルギー基本計画の概要と今後のエネルギー政策の方向性」より）

がある。なぜこの時期かというと、この日は我が国において初めて「太陽光発電の出力制御」という指令がされたエポックメイキングな日だからである。

- この日の九州エリアの需要は、朝方の700万kW弱から徐々に増えていき、夕方18時ごろに900万kW弱まで上がり、その後夜に向けて下がっていくという具合だった。
- これに対して稼働が最優先されるベースロード電源は常時450〜500万kW（原発400万kW、水力発電30〜100万kW弱、その他再エネ電源15万kW）程度が稼働している。つまり域内需要に対するベースロード電源の供給比率は50％程度を維持していた。
- 次に稼働が優先されるVRE電源（九州の場合は風力がベースロード電源に区分されているので太陽光のみになるが）は、6時ごろの日の出から徐々に稼働し始め昼の12〜13時ごろには551万kWも発電し、その後は急速に発電量が落ち18時の日の入りには発電量が0になった。発電量が最大となる昼ごろにはエリア内で消費できる上限を大きく超えたので、余剰電力は連系線を通じて他地域へ供給しつつ、揚水発電の汲み上げに回して有効利用を図っている。しかし、それでも消費しきれなかった93万kWの発電能力については、発電を止める出力制御を行なっている。

- ミドル電源である火力発電は、ベースロード電源とVRE電源の出力と電力需要の差分を調整する役割を果たしている。具体的には朝方は電力需要とベースロード電源の出力の差分を埋める形で300〜350万kW程度発電しているが、太陽光発電の出力が上がると反比例するように出力を下げていき、昼ごろには200万kWを割る程度まで落ちる。その後、夕方に入り逆に太陽光の出力が下がっていく時間帯になると再び出力を増し、450万kW前後まで出力を上げている。
- 電力貯蔵システム／ピーク電源の役割を果たす揚水発電は、昼の電力余剰の時間帯にエネルギーを貯め込み、16時以降の需要が急増し太陽光発電の出力が急減する時間帯に発電を開始している。太陽光発電が普及した社会では必然的にこの時間帯の需給調整が一番困難になるのだが、揚水発電はそのピークシフト機能で火力発電をサポートしている。

このように九州エリアでは豊富なベースロード電源とVRE電源を中核に、火力発電の調整機能、揚水発電のピークシフト機能を活用することで効率的かつCO_2排出量の少ない電力システムを実現している。実際東京エリアと九州エリアでは電力料金は現在でも6〜7円/kWh程度異なるし、今後さらに拡大していくことになるだろう。

このような安定した電力供給システムがあるからこそ、2022年になって世界的な半導体企業をはじめとする大型の投資が九州に集中しているのだろう。改めて「電力システムは産業の基盤である」という事実を感じる。

なぜ東京は電力が不足するのか

前項では電力システムが比較的うまく機能している例として九州エリアの状況について紹介したが、ここでは逆に電力システムが崩壊の危機に瀕している例として東京エリアの状況を見ていくこととしたい。一口に東京エリアと言っても、具体的には東京都、神奈川県、埼玉県、千葉県、栃木県、群馬県、茨城県、山梨県、静岡県東部を指し、関東から東海までその対象範囲は広い。私は東京に住んでいるので、これは私自身の生活に関わる問題でもある。

東京エリアは2020年の年末ごろからしばしば電力が不足する緊急事態が訪れるよう

になった。具体的には２０２０年12月から２０２１年１月にかけて、２０２２年３月末から４月にかけて、２０２２年６月末、の３回ほど電力の供給危機に陥り、政府から格別の節電要請が出て、電力会社が電力を取引する日本卸電力取引所（ＪＥＰＸ）での価格が大幅に高騰した。２０２２年度の冬季も電力供給は綱渡り状態で、政府からは12月から３月にかけて常時「無理のない範囲での節電」の要請がなされている。供給側の視点から見た時、このような東京エリアでの電力不足の背景で何が起きているのか、具体的なデータを見ながら考えていきたい。

取り上げるのは２０２２年６月30日の東京エリアでの電力需給実績データである。この日は最高気温36・4℃、最低気温25・3℃と夏らしい猛暑日で、電力需要が逼迫することが予測され、東京電力管内には政府から「電力需

単位［万kWh］ DATE　TIME	【価格】 卸売市場価格	【需要】 ①東京エリア需要	【供給内訳】 ②連系線供給	③ベース（原子力／水力）	④ミドル（火力合計）	⑤VRE+α（再エネ水力除く）	⑦電力貯蔵（揚水）	A: 他地域依存率（②/①）	B: ベース率（③/①）	C:VRE 率（⑤/①）	D: 貯蔵依存率（⑥/①）
2022/6/30 0:00	¥40.8	3,117	434	141	2,880	36	▲374	13.9%	4.5%	1.2%	-12.0%
2022/6/30 1:00	¥33.3	2,893	433	139	2,959	38	▲676	15.0%	4.8%	1.3%	-23.4%
2022/6/30 2:00	¥23.7	2,791	402	139	2,967	39	▲756	14.4%	5.0%	1.4%	-27.1%
2022/6/30 3:00	¥25.0	2,757	348	144	2,993	39	▲767	12.6%	5.2%	1.4%	-27.8%
2022/6/30 4:00	¥13.8	2,746	357	150	2,997	40	▲798	13.0%	5.5%	1.5%	-29.1%
2022/6/30 5:00	¥23.1	2,811	329	147	3,017	118	▲800	11.7%	5.2%	4.2%	-28.5%
2022/6/30 6:00	¥22.9	3,110	351	155	2,920	336	▲652	11.3%	5.0%	10.8%	-21.0%
2022/6/30 7:00	¥21.0	3,652	399	157	2,810	649	▲363	10.9%	4.3%	17.8%	-9.9%
2022/6/30 8:00	¥24.2	4,380	427	164	2,966	950	▲127	9.7%	3.7%	21.7%	-2.9%
2022/6/30 9:00	¥32.9	4,947	541	163	3,046	1,184	13	10.9%	3.3%	23.9%	0.3%
2022/6/30 10:00	¥32.9	5,201	539	155	3,129	1,335	43	10.4%	3.0%	25.7%	0.8%
2022/6/30 11:00	¥42.8	5,345	528	152	3,117	1,382	106	9.9%	2.8%	25.9%	2.0%
2022/6/30 12:00	¥39.0	5,320	548	145	3,175	1,342	110	10.3%	2.7%	25.2%	2.1%
2022/6/30 13:00	¥38.0	5,474	543	145	3,219	1,223	344	9.9%	2.6%	22.3%	6.3%
2022/6/30 14:00	¥45.3	5,487	568	208	3,248	1,050	413	10.4%	3.8%	19.1%	7.5%
2022/6/30 15:00	¥58.4	5,437	574	225	3,273	803	562	10.6%	4.1%	14.8%	10.3%
2022/6/30 16:00	¥80.6	5,383	572	257	3,302	497	755	10.6%	4.8%	9.2%	14.0%
2022/6/30 17:00	¥81.6	5,127	570	286	3,317	216	738	11.1%	5.6%	4.2%	14.4%
2022/6/30 18:00	¥100.0	4,885	531	285	3,338	63	668	10.9%	5.8%	1.3%	13.7%
2022/6/30 19:00	¥81.1	4,705	552	277	3,346	32	498	11.7%	5.9%	0.7%	10.6%
2022/6/30 20:00	¥72.0	4,431	555	191	3,338	32	315	12.5%	4.3%	0.7%	7.1%
2022/6/30 21:00	¥52.9	4,132	525	167	3,257	32	151	12.7%	4.0%	0.8%	3.7%
2022/6/30 22:00	¥53.7	3,860	498	143	3,162	32	25	12.9%	3.7%	0.8%	0.6%
2022/6/30 23:00	¥46.1	3,567	495	137	3,092	32	▲189	13.9%	3.8%	0.9%	-5.3%

図表５　2022年６月30日の東京エリアの電力需給実績
（東京電力パワーグリッド「過去の電力使用実績データ」より）

給ひっ迫注意報」が発せられていた。実際この日の東京電力管内の最大電力需要は548
7万kWと6月の最大需要となり、JEPXの約定価格は14時以降ぐんぐん上昇し、18時ご
ろには制度上の最高値の100円／kWhにまで達した。この時実際にどのような電源か
ら、どれくらいの電力供給がなされていたかの実績を表にしたのが前ページの図表5である。
先ほど九州エリアの電力供給システムの特徴として

- 豊富なベースロード電源
- 豊富なVRE電源
- 電力貯蔵システムの効率的な利用

という3つを挙げたが、結論から言えば東京電力エリアの電力供給システムの特徴とし
てはちょうどこれをひっくり返した形の、

- 低すぎるベースロード電源比率
- （昼でも）低いVRE電源比率

・電力貯蔵システムへの過剰依存

という3つと、さらにそもそもの問題として

・他地域への常時供給依存

という計4つが挙げられる。

それぞれについて見ていこう。

まず「他地域への常時供給依存」という点についてだが、九州エリアが供給力豊富で基本的に常時電力を他地域へ移出しているのに対し、東京エリアの需給逼迫時は終日他地域から電力供給を受ける形になっている。6月30日は常時概ね10〜15%の電力供給を他地域に依存している。

東京という大電力消費地がこれほどの電力供給を他地域に依存するとなると、当然隣接地域も巻き添えをくって電力需給が逼迫してくる。もちろん他地域から電力供給を融通し

てもらうこと自体は決して悪いことではない。むしろ、出力調整が困難なベースロード電源や、VRE電源で発電された「安い」電気の余剰分を大消費地の東京が受け入れるのは経済効率を考えれば望ましい姿である。しかしながら現在の東京は少し不測の事態があると、そもそもの電力の供給力が不足して他地域に電力を依存せざるを得ない状態にある。これは当然望ましい姿ではない。この時期にそのトリガーとなった事象は、3月16日に発生した福島県沖地震であった。この地震によりいくつかの大型火力発電所がダウンし、またその復旧が遅れたため、東京エリアは3月から7月にかけて予備的な供給力が不足し続ける状況になっていた。

こうした不測の事態が電力危機に直結する現象の背景にあるのが「低すぎるベースロード電源比率」という問題である。先ほど紹介した2018年10月の九州エリアの例ではベースロード電源比率が終日50%近くあった。これくらい厚みがあると、ミドル電源である火力発電の一部に不測の事態があってもミドル電源内でカバーできるので大きな問題にならない。また、たとえベースロード電源に不測の事態があっても、今度は逆にミドル電源でカバーできるし、それでも対応できない場合は他地域からの電力供給を受けることでカバーできる。実際2022年6月30日は九州エリアの4基の原発のうち動いていたのは2

基で、出力が400万kW強から180万kWまで落ち、ベースロード電源比率が20%程度まで下がっていたが、それをミドル電源でカバーし、VRE電源の力も借りて平然と乗り切っている。

一方で東京エリアのベースロード電源比率はわずか5%程度でミドル電源に過剰依存しているため、大型火力発電所に不測の事態があるとすぐに電力供給危機事態に直結してしまう。なぜ東京エリアでベースロード電源比率がこれほど低いかというと、それは東京電力管轄の原子力発電所が全く稼働していないことが主因の1つであることは言うまでもない。ただそもそもの問題として、東京電力が福島第一、第二原発の全面的な廃炉を決めたこともあり、仮に管内の原発の再稼働が順調に進んでもこの「低すぎるベースロード電源比率」という問題は解決しない。つまり原発の再稼働だけではどうにもならない問題を抱えていることになる。少なくとも今後10年単位ではこの「低すぎるベースロード電源比率」という問題が解決する見込みはないと言っても良いだろう。

続いて「(昼でも)低いVRE電源比率」という点について。読者の方には意外に思えるかもしれないが、これは端的に言えば「東京エリアでは太陽光発電の導入が量的に全然足りない」ということである。データを見てみよう。この日の東京エリアでは、昼の時間帯では需要5000万kW前後に対して、VRE電源の発電は1300～1400万kW程度で、需要に対するVRE電源の比率は25％程度であった。

これに対して九州エリアの同日の例だと昼には需要1450万kW弱程度に対して、太陽光発電の出力が860万kW強と、VRE電源比率は60％を超えている。この日はベースロード電源比率も低かったので発電能力も過剰とならず出力制御もなかった。もちろん九州エリアと我が国最大の人口密集地である東京エリアを単純比較することはできないが、まだ東京エリアのVRE電源の導入量が低い水準であるということがわかるだろう。次の論点にも絡むが、仮に東京エリアのVRE電源導入量が1・5倍程度あれば、より揚水発電の運用に余裕が生まれて、夕方の時間帯にこれほど電力需給が逼迫することはなかった。

最後に「電力貯蔵システムへの過剰依存」という点について、この日東京エリアにおいては14時以降揚水発電への依存率が急速に高まり、17時から18時にかけて14・4％程度にまで至った。この数字は「節電のおかげでなんとかこの水準で止まった」と言える水準だが、それでも揚水への依存度が高すぎると市場では判断され、JEPXでは14時以降45円／kWhから100円／kWhと急速に価格が高騰した。

電力貯蔵システムの問題は、貯める電気を提供してくれる電源というイン（蓄電）の問題と、電力貯蔵システムの出力の上限というアウト（放電）の問題がある。今後東京エリアではインの問題の対策として太陽光発電の導入量の積み増し、それも圧倒的な積み増しが求められる。他方、アウトの問題としては揚水発電の開発が今後行われることはないので、次世代の電力貯蔵システムである大型蓄電池の増設が必須になる。これに関してはもしかすると今後10年以内に一定の解決策が見られるのかもしれない。

電力不足は長期化するのか

前項では東京エリアの電力不足について分析したが、ここではその点をもう少し掘り下げて「電力不足は長期化するのか」を考えてみたい。

まず大前提として、電力不足といっても本当のところこれは全国的な問題と言えないところがある。というのも、隣接地域と相互に接続してはいるものの、九州と四国はいざとなれば少なくとも自分のエリアの需要を満たす供給力は十分に保持しているからだ。沖縄も同様である。北海道に関しては泊原発の再稼働という大きな課題があるものの、それも十分に解決の見込みがある問題である。そういう意味で電力不足は、本質的には本州地域の問題ということになる。本州の中でも東日本と西日本で抱える問題は微妙に異なるのだが、ここでは引き続き電力システムの問題がより大きい東日本に関する状況を中心に展開したい（なぜ東日本が抱える問題の方が大きいかは後述する）。

さて先ほど東京エリアが抱える問題として

①低すぎるベースロード電源比率
②（昼でも）低いＶＲＥ電源比率
③電力貯蔵システムへの過剰依存
④他地域への常時供給依存

の４点を挙げた。このうち①～③については東日本の中心が東京である以上、東日本全体の課題と言ってもよいだろう。したがってこれらの課題が10年単位で解決される見込みがあるかどうかを考えていきたい。

この図表６は経済産業省傘下の準公的団体である電力広域的運営推進機関（ＯＣＣＴＯ）が発表した２０３１年

【万kW】

種類		2021	2022	2026	2031
火力※1		15,529	15,549	15,353	15,408
	石炭	4,836	5,079	5,234	5,233
	LNG	7,804	7,814	8,244	8,301
	石油他 27	2,888	2,657	1,875	1,874
原子力※2		3,308	3,308	3,308	3,308
新エネルギー等		12,552	13,109	14,907	16,533
	一般水力	2,175	2,184	2,191	2,199
	揚水	2,747	2,747	2,747	2,747
	風力※3	469	531	1,026	1,575
	太陽光※3	6,541	6,940	8,165	9,238
	地熱※1	54	49	54	55
	バイオマス※1	480	575	656	650
	廃棄物※1	85	82	68	69
その他		79	97	98	98
合計		31,469	32,063	33,666	35,348

注）単位未満を四捨五入しているため、内訳の計と合計が一致しない場合がある。

※1 発電事業者自らが保有する設備等について、事業者から提出された数字を機械的に積み上げたものであるが、必ずしも全ての計画が実現に至らないことや、今後、政策的な措置に対応していく中で、非効率な設備の廃止が進むこと等も想定される。また、新設設備は、環境アセスメントの手続きを開始していること等を基準としている。
※2 過去に稼働実績がある設備（既に運転終了したものは除き、運転再開時期未定の設備も含む 33 基）
※3 一般送配電事業者が、系統連係申込状況や接続可能量。過去の伸び率の実績を基に設備容量の導入見通しを立てて計上

図表６　設備容量の今後の見通し
（電力広域的運営推進機関「2022 年度供給計画の取りまとめ」より）

までの我が国の各電源の設備容量の見通しだ。この見通しは全国の電力会社から法的に義務付けられた供給計画の報告の積み上げをベースに検討されており、要は供給力の将来見通しとしては最も信頼性が高いものである。

この見通しの中では電源を火力、原子力、新エネルギーの3つに大きく分けているのだが、2021年の値と2031年の値を比較してみると、

- 火力：15529万kW→15408万kW
- 原子力：3308万kW→3308万kW
- 新エネルギー：12552万kW→16533万kW

と火力と原子力に関しては微減か横ばいで、新エネルギーが大きく伸びる見込みとなっている。そして新エネルギーの伸びの内訳を見ると

- 水力：2175万kW→2199万kW
- 太陽光：6541万kW→9238万kW

・風力：４６９万ｋＷ↓１５７５万ｋＷ
・バイオマス：４８０万ｋＷ↓６５０万ｋＷ

と太陽光と風力が中心である。なお再エネ電源の区分としては、太陽光はＶＲＥ電源、バイオマスはミドル電源、水力はベースロード電源で異論がない。風力に関しては通常の陸上風力であればＶＲＥ電源、超大規模で稼働率が高い洋上風力であればベースロード電源と区分されるのが適当であろうが、２０３１年までの短期スパンでの開発となると、この見通しで開発が予定されている設備は陸上風力と推測される。その他揚水に関しては、

・揚水：２７４７万ｋＷ↓２７４７万ｋＷ

と現状がそのまま維持される見込みだ。
従ってこれらのデータから言えることは、今後10年単位では、

①ベースロード電源に関しては増強の見込みがない

②VRE電源に関しては大幅な増強が見込まれる
③電力貯蔵システムに関しては現状維持
④ミドル電源は横ばい程度

というところであろう。これは全国レベルのデータを基にしているが、上記内容に関しては多少の偏りはあれ、大きな傾向として西日本、東日本に共通する点といえる。これを踏まえ、今後東日本が抱える電力システムの課題が解決される見込みがあるかどうかを考えていきたい。

まず最大の問題である「①低すぎるベースロード電源比率」は解決する見込みが全くない。というのも原子力と水力の設備の増強がそもそも予定されていないからだ。もちろん原発の再稼働により若干のベースロード電源比率の上昇は期待されるが、それが抜本的な問題の解決となることはないだろう。

続いて「②VRE電源比率」、これに関しては十分に積み増しが期待できる。全国ベースでは1・5倍程度の増強が見込まれ、東日本に限っても現状公的統計で明らかになっている導入計画ベースだけでも現状比で4割増の発電所の開発計画があり、同じような傾向と言えるだろう。

最後に「③電力貯蔵システムへの過剰依存」の解消については、イン（蓄電）の問題に関してはVRE電源の増強がその充電源となることが期待される。ただアウト（放電）の問題に関しては揚水の規模拡大は予定されておらず、解決の見込みが立っていない。ただし足下で蓄電池の技術が急速に進歩しており、この点が未知数な要素になっている。蓄電池を集積した「蓄電所」については2022年にようやく制度整備が整い、また開発期間が2～3年程度と短いので、今後電力貯蔵システムとして急拡大していくことが見込まれる。

まとめると、

- ベースロード電源の積み増し→×：予定なし
- VRE電源の積み増し→○：大幅増強予定
- 電力貯蔵システムの積み増し→△：未知数

といったところであろうか。これを総合的に評価すると、

「東日本ではベースロード電源比率の向上という最大の問題は解決の見通しが立たず、当座10年単位では電力不足が続くが、VRE電源や電力貯蔵システムの積み増しで多少は状況が改善する」

といった結論になろう。したがって少なくとも現状のデータを見る限り、これから10年くらいは東日本では電力不足と向き合う覚悟が必要になるだろう。

日本の電力系統はどのような構成になっているのか

ここまで曖昧に「東日本では〜」「西日本では〜」と述べてきたが、議論を明確化するため、ここで一度日本の電力系統の構成について簡単にまとめておきたい。

結論から言うと日本の電力系統の特徴としては大きく以下の4点が挙げられる。

ⓐ【串刺し型の電力系統】

独立して形成された9つのエリア（北海道、東北、東京、北陸、中部、関西、中国、四国、九州）の系統が連系線を通じて相互に接続する「串刺し型」の形状をしている。
その他沖縄等の離島は独立している。

ⓑ【4つの電力市場に分断】

電力の市場としては大きく①北海道、②東日本（東北－東京）、③西日本（北陸、中部、関西、中国、四国）、④九州の4つに分かれているが、近年連系線の利用開放が進んだことにより統合がある程度進んでいる

ⓒ【東西で異なる周波数】

北海道－東北－東京エリアの周波数は50Hz、それ以西の北陸－中部－関西－中国－四国－九州エリアは周波数が60Hzとなっており、東西で周波数が異なる。

ⓓ【東京－中部間で東西系統が限定的に接続／融通】

東京エリアと中部エリアの間には大規模な周波数変換装置を備えた連系設備があり、ここで50Hzの系統と60Hzの系統が限定的に接続されている。今後この融通枠が大幅に拡大されていく見込み。

これをまとめたのが左の図表7である。それぞれについて見ていこう。

まず「串刺し型の電力系統」は、日本の電力産業が発展してきた経緯を反映したものである。詳しくは後述するが、日本の電力産業の成立過程で乱立した電力会社同士が無秩序な自由競争で消耗戦を繰り広げた結果、産業そのものが危機に瀕し、消耗戦を避けるため段階的に地域ごとに電力会社の独占を認めていった歴史がある。この時に適用された全国の区分が前述の9エリアで、それぞれのエリアで独立して系統が計画的に整備されていった。ある程度この9エリアでの系統が整備されたのちに、エリア間を大規模な連系線で接続することを進めていったため、このような「串刺し型の電力系統」が出来上がった。

こうした串刺し型の電力系統は、電気の流れを管理しやすく、あるエリアで停電が発生した場合でも他のエリアは影響を受けにくいというメリットがある。記憶に新

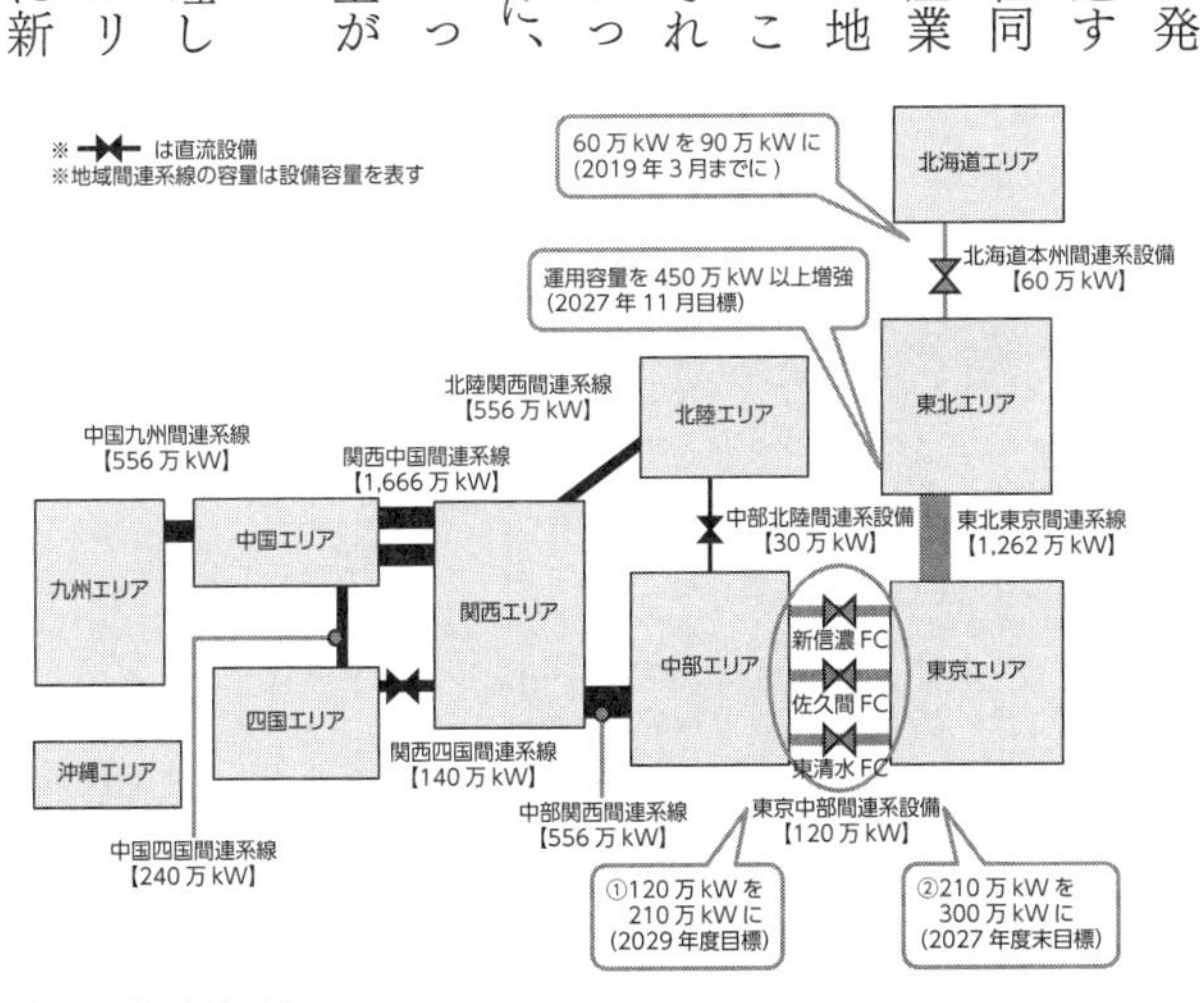

図表7　日本の電力系統
（資源エネルギー庁「再エネの大量導入に向けて　「系統制約」問題と対策」より）

しいところでは２０１８年の北海道胆振（いぶり）東部地震で北海道エリア全域が停電（ブラックアウト）した際も、その影響は北海道に限られ、他の地域には波及しなかった。他方で、連系線の容量が電力融通の限界、ボトルネックとなり、離れたエリア間で大容量の電力を融通することが難しいというデメリットもある。この点ヨーロッパの電力系統は「メッシュ型」とされ、広い地域での電力の融通が可能となるが、一方で事故が起きると大規模停電につながりかねない、という日本とは真逆の特徴がある。何事も一長一短である。

続いて「４つの電力市場に分断」という点だが、これは串刺し型の電力系統の結果として生じている事象である。近年我が国では発電事業者と小売事業者が電力を取引するための卸売市場（ＪＥＰＸ）の活用が活発化しているが、通常ＪＥＰＸの取引価格は一つに集約される。しかしながらエリア間の電力融通が連系線の容量の限界に達すると、エリアごとに市場が分断されて異なる取引価格が適用される。この現象を文字通り「市場分断」といい、この市場分断がエリア間、特に①北海道と②東日本（東北－東京）、③西日本（北陸、中部、関西、中国、四国）と④九州、の間でしばしば起きている。この市場分断の発生率は時期によって大きく異なるのだが、例えばこれまで取りあげてきた２０２２年６月だと、

- 北海道－本州間で16％程度
- 東京－中部間で60％程度
- 中国－九州間で35％程度

といった具合である。近年大手事業者の既得権益化していた連系線の利用が広く開放されたことでエリア間の市場分断率はだいぶ下がったのだが、串刺し型の性質上、今後とも日本全体が完全に1つの市場として統合されることはなかなか難しいだろう

続いて「東西で異なる周波数」という点があるが、これについて語るにはまず「周波数とはなんぞや」ということについて話す必要があるだろう。

物理的な話になるが、電力には直流電力（DC）と交流電力（AC）の別がある。一般に電力系統には交流電力が流れており、テレビ、スマホ、LED照明など我々の身近な電力製品は直流電力を利用することが多い。やや直感的な説明になるが、直流電力が一定の電力が常に流れつづける電気の「川」なのに対して、交流電力は流れる電力が一定のリズムで大小と向きが変化し続ける電気の「波」である。この電気の「波」が1秒間にどれくらい起きるかを示したのが「周波数」で、単位としてはHz（ヘルツ）で表される。東日本の

場合は「50Hz」なので1秒に50回、西日本の場合は「60Hz」なので1秒に60回電気の波が系統の中で起きているということになる。

この周波数が異なる電気が交わるとどうなるかというと、周期が違う波同士がぶつかって電力系統の中で大混乱が起き、電力供給の安定性が損なわれてしまう。要は「異なる周波数は混ぜるな危険」ということである。日本は幸か不幸か、東日本と西日本で周波数が異なるため、根本的に一つの大きな系統になりようがない、という事情を抱えている。

それでも東西間で電力を融通するための努力として進められているのが、最後の「東京－中部間で東西系統が限定的に接続／融通」という点である。基本的に東西の系統は周波数が異なるので接続できないのだが、新信濃、佐久間、東清水の3地点に大規模な周波数変換装置を設置することで、東西の系統を限定的に接続し、電力の融通を可能にしている。近年周波数の変換に関する技術が飛躍的に高まったこともあり、この融通規模は非常に拡大しており、従来120万kW規模だったものが、2021年4月から210万kWに拡大し、2027年度末には300万kWへの拡大が予定されている。

このように日本の電力系統は独立した電力系統網を連系線でつないだ串刺し型のものなのだが、そのデメリットである遠隔地間の電力融通の困難さや市場分断の発生を地域間の連系線を増強することで克服しようとしている過程にある。

東日本の原発の再稼働はなぜ進まないのか

電力不足に関する論点を掘り下げた際に「東日本と西日本では電力システムが抱える問題が微妙に違う」と述べたが、その最たるものとして挙げられるのが原発の再稼働の進展状況である。

まずは今現在、日本の原子力発電の稼働状況を振り返ろう。

日本には現在稼働済みまたは建設中の原子力発電所は36基ほどある。このうち再稼働しているのは10基で、残りのうち17基は何らかの形で再稼働に向けた手続きを進めており、あとの9基は未申請で手続きが進んでいない状態にある。その他24基の原発に関してはすでに廃炉が決まっている。

ここで実際に再稼働が進んでいる原発の地域を調べてみると、

- 福井県（5基）：高浜3号機及び4号機、大飯（おおい）3号機及び4号機、美浜3号機
- 愛媛県（1基）：伊方3号機

- 佐賀県（2基）：玄海3号機及び4号機
- 鹿児島県（2基）：川内1号機及び2号機

とその全てが西日本となっている。一方の東日本では1基も再稼働に至っていない。その中でも、

- 新潟県（2基）：柏崎刈羽6号機及び7号機
- 茨城県（1基）：東海第二1号機
- 宮城県（1基）：女川2号機

の4基は原子力規制委員会から設置変更許可が出て工事に入っている段階だが、地元自治体の理解が得られず、またメンテナンス等でトラブルが頻発し再稼働には至っていない。そこで、ここでは「なぜ東日本と西日本でこれほどの差が生まれたか」について考えてみよう。

西日本の再稼働済みの原発の共通点として、立地する地域以外に挙げられるのが、これ

らの原子力発電所が全て加圧水型炉（ＰＷＲ）と呼ばれる方式だということだ。

少し技術的な話をするが、原子力発電所には大きく分けて沸騰水型炉（ＢＷＲ）と加圧水型炉（ＰＷＲ）という2種類の発電炉がある。この2つの方式の大きな違いは「発電所のタービンをどこで発生した水蒸気を使って回すか」という点だ。ＢＷＲ方式では原子炉から得られた熱で直接的に水を温めて沸騰させ、その水蒸気を用いてタービンを回している。つまり水蒸気が直接核燃料に触れるため、放射性物質によって汚染される。そのため、熱利用という観点では効率的なのだが、原子炉格納容器の構造がシンプルで小さく、また、放射性物質によって汚染される発電機の部位も多くなる。東日本大震災でシビアアクシデントを起こした福島第一原発はまさにこのＢＷＲ方式の原発だった。これに対してＰＷＲ方式では、原子炉で直接温めた水は蒸気とせず、その水を利用して別系統から引き込んだ水を蒸発させて水蒸気を作りタービンを回す。このようにＰＷＲは核反応で発生した熱を間接的に利用し、別系統で引き込んだ汚染されていない水を蒸気にする方式であるため、熱効率は悪くなり、原子炉格納容器も大きくなる。他方で放射性物質によって汚染される部位は限定的となる。

参考までにＢＷＲとＰＷＲでどれくらい格納容器の大きさが違うかという一例を示すと、

最新式のBWRの原子炉である柏崎刈羽6・7号機の格納容器の大きさは高さ36m、円筒部直径29m程度なのに対し、現在稼働中の川内発電所1・2号機は高さ87m、外径40m程度と、両者の容積は4倍近い差がある。

こうした技術的な違いが再稼働においてどう影響するかというと、「再稼働にあたって住民避難のための対策がどれくらい必要か」に大きな違いを生む。

PWRの場合は事故が起きても汚染部が限定的で、なおかつ格納容器が十分に大きいため、原子炉の燃料の損傷、冷却機能の喪失のようなシビアアクシデントを想定した場合でも、福島第一原発事故で起きたような水素爆発などが起きる可能性はほぼない。そのため、当時行ったような原子炉容器内部の気体を外部に排出して容器内の圧力を下げる作業、いわゆる「ベント」作業を事故時でも想定する必要はない。このため再稼働にあたっての住民合意を取りやすい。また設備仕様もかなり標準化されているため、再稼働に向けての審査資料/ノウハウがさまざまな地域で流用可能となり、審査作業が効率的に進む。

一方でBWRの場合は基本的には福島第一原発と同じ方式なので、東日本大震災時の時と同様の対応を想定する必要がある。具体的には、シビアアクシデントが起きた場合はベントを前提とした対策を取らなければならなくなる。そのための対策は大規模なものとなる。まずベント自体の安全性を高めるために「フィルタ付きベント」と呼ばれる、放射性物質の排出をフィルタによって低減する仕組みを導入する必要がある。さらには、ベントをした場合を想定して、周辺住民の避難計画の立案が必要になる。必然的に関係者が大幅に増え、再稼働にあたって地域自治体の合意を取るためのハードルが飛躍的に上がることになる。結果として法律上必要な手続きを終えても、最後の地元行政との合意の段階に差し掛かるとなかなか再稼働の手続きが進まなくなる、というのがこれまで繰り返されてきたことだった。

ただ足下では宮城県の女川原発に関してはようやく地元の理解が得られて、東北電力が2024年2月に2号機を再稼働する見込みを発表した。仮にこれが実現すれば東日本の今後の電力供給安定化に向けた大きな一歩となることは間違いないが、それ以外のBWR方式の東日本の原発についてはまだまだ再稼働に向けた課題は多いままである。

今後の動きとしては、特に東電の主力である柏崎刈羽原発が2023年内に再稼働するかが大いに注目されるところである。

火力発電は今どのような問題を抱えているのか

ここまであまり焦点を当ててこなかったが、ここで一度ミドル電源の超主力である火力発電の抱える問題について考えてみたい。結論から言えば火力発電が今抱える問題は、

- 発電能力の落ち込みの加速
- 急激な燃料価格の高騰／争奪戦の激化

の2つである。

経済産業省は火力発電所の供給力の推移、見通しを公表している。当該資料によれば、2016年から2020年にかけては火力発電の発電能力はマイナス102万kWの落ち込みだったが、このまま何もしなければ、2021～2025年の期間でマイナス441万kW、2026～2030年の期間でマイナス881万kWと、発電能力の落ち込みの急速な加速化が見込まれている。これは東京エリアのような火力発電に過度に依存している地域の電力供給に深刻な影響を与えかねない大きな問題である。

火力発電の発電能力が落ち込む原因には、老朽石油火力発電所の廃止の増加と、新規火力

発電所建設投資の急速な縮小の2つが挙げられる。

石油、石炭、LNG火力発電所それぞれの事情を見ていこう。

石油火力発電所については、1970年代の石油危機以降の原油価格高騰の影響で、通常時での採算はとうの昔に合わなくなり、長らく新規投資が行われてこなかった。ただそれ以前に作られた既存の発電所に関しては概ね固定費の回収は終えているので、2010年代前半まではピーク電源として需給逼迫時の供給力として有効活用されてきた他、東日本大震災時のような緊急事態の予備電源として重宝されてきた。データを振り返れば2010年の電力供給量に占める石油火力の割合は、2010年に7・5%だったのが、2012年には18・3%にまで急拡大している。我々が東日本大震災を乗り切れたのはまさに豊富な石油火力発電所の予備力の賜物である。

しかしながら2010年代後半以降、ピーク電源としての役割はVRE電源や揚水発電にほぼ代替されており、もはや石油火力発電所の設備更新をしても稼働は需給逼迫時のみとなる可能性が高く、到底投資が回収できる見込みはない。また、この点については後述するが、電力自由化の結果、9電力の発電部門の経営自由度が高まったこともあり、経営改善のために老朽石油火力発電所を廃止する意思決定もしやすくなっている。

他方で石炭火力とLNG火力に関しては政策的、政治的な影響が大きくやや事情が異なる。

石炭火力発電所に関しては、近年国際政治の場で先進国に地球温暖化対策が強く求められるようになった結果、国内でも環境アセスメントなどで発電所の新設や増強が認められにくくなってきており、逆風が強かった。それでも少し前まで我が国は「老朽化した石炭火力を最先端の効率的な石炭火力で代替していく」という方針をとっており、石炭火力の将来に向けての可能性を否定せずにきた。そのため各メーカーも国内で最先端石炭火力発電所を研究、開発、建設し、その技術を途上国に輸出していたのだが、こうした方針が菅義偉政権で転換された。2021年4月には老朽化した石炭火力発電所を順次廃止していく方針が経済産業省から出され、同年6月に菅義偉首相（当時）はG7で「今後は石炭火力の輸出を支援しない」と表明、これを受け石炭火力の輸出プロジェクトは貿易保険の対象から外された。これによりグローバルな市場へのアクセスが事実上閉ざされたこともあって、日本国内で石炭火力発電所の新設に本気で取り組む主体はいなくなり、今後石炭火力は順次フェードアウトされていくことが運命付けられたと言ってもよいだろう。

こうした地球温暖化対策としての意味合いに加え、VRE電源の導入が進んだことで火力発電の稼働率が落ち、採算が悪化しているという事情もあり、現在石炭火力発電所については2020年代半ば以降の新設は全く予定されていない。当面期待される投資としては、せいぜい再生可能エネルギーであるバイオマス資源と混焼するような形で老朽石炭火力発電所をなんとか延命し、発電能力を維持することがやっとであろう。このように石炭火力に関しては、世界的な地球温暖化対策の流れを意識した近年の急な政策変更で未来が暗くなったと言える。私はこれを全然「セクシー」とは思わない。

続いてLNG火力発電所についてだが、こちらは石炭火力に比べればまだ状況はいいが、また違う問題を抱えている。LNG火力発電所も化石燃料をエネルギー源としている以上大量の温室効果ガスを排出することは間違いないのだが、石炭火力発電所と比べると10〜20％程度発電効率が高く排出量は少ない。また柔軟に出力の調整ができるのでVRE電源のバックアップ電源として適しているため、「脱炭素社会への移行のために引き続き必要な火力発電所」と政策的に整理されており、今後の火力発電の主役となることが期待されていた。

ここに水を差したのがロシアとウクライナの戦争である。ロシアはEU諸国に対してパイプラインを通じ、膨大な天然ガスを輸出してきた。しかしながらEU諸国はウクライナ情勢を踏まえての経済制裁の一環として、ロシアからの天然ガスの輸入を急速に削減している。当然代替的な資源が必要なため、欧州は代わりに海からのＬＮＧの輸入を急速に増やしている。その結果国際的なＬＮＧ需給は逼迫し、価格は急速に上昇してきている。ウクライナ戦争後の価格の急速な上昇は同様の事情で石炭でも起きている。

また日本はＬＮＧの８・４％をロシアからの輸入に頼っており、ウクライナ戦争が長期化の様相を呈する中で、引き続き安定してロシアからの調達を続けられるかも疑問視される状況にある。つまり端的に言えばＬＮＧの安定調達が大いに危ぶまれている。こうした情勢を受け、２０２２年６月に九州電力は東京ガスと共同で計画していた袖ヶ浦での発電所計画からの撤退を決めるなど、ＬＮＧ火力発電所の新設も雲行きが怪しくなってきており、２０２５年以降の新設計画はこちらもまた白紙となっている。

当然こうした燃料価格の高騰は東京エリアのような火力発電に過度に依存している地域の電力コストを直撃していくことになる。日本のＬＮＧ調達は大手電力会社の長期契約が多かったため、今のところ日本市場でのＬＮＧでの値上がりは14・94＄／１００万ＢＴＵ（２０２２年２月）から23・69＄／１００万ＢＴＵ（２０２２年10月）と、最大70＄／１００万ＢＴＵ（２０２２年８月）にまで高騰した欧州に比べれば限定的なものにとどまっているが、それでも大幅な値上がりに変わりはない。今後当面は東京エリアを始め、東日本、北陸、中部のような火力発電への依存度が高い地域では大幅に電気料金が上昇し続けることがほぼ確実といえる。

もはやこの状況は一企業の努力でなんとかできるものではなく、ＬＮＧの確保についでは政府が全面的に前に出ることが必要不可欠な情勢となっている。政府がＬＮＧの在庫量を保証するなどの形で調達を安定させなければ、ＬＮＧ火力発電所の新規建設プロジェクトはもはや成立しえないのだ。特に半ば敵対国となりつつあるロシアからのＬＮＧの継続調達や、相対的に価格が低い水準で留まり続けているアメリカ市場からのＬＮＧ調達は、政府レベルの安全保障、外交問題として本腰を入れて取り組まなければどうにもならない。

火力発電の現在もまた問題が山積みなのである。

再エネは結局「安い」のか

原子力発電、火力発電の現状に関して議論を深掘りしたので、ここで再エネ電源に関しても議論を深めたい。ここでズバリ考えたいのは「再エネは結局「安い」のか」という点である。

再エネ電源といってもここで取り上げるのは太陽光発電、風力発電というVRE電源である。先に述べた通り、電力の供給指令においては、概ね①ベースロード電源、②VRE電源、③ミドル電源、④ピーク電源という順で供給が優先付けされている。仮にVRE電源が十分に安くなければ、こうした系統の運用は経済的に正当化できないことになる。いくら地球温暖化対策が重要だといっても、国民に経済的に不合理なことを強いるような制度運用は好ましくない。

各電源の発電コストの基礎データに関しては、経済産業省が2020年にkWh単位に落とし込んで詳細を分析しているので、そのデータを基に比較していく。前述の通り2022年以降化石燃料価格が大幅に上がるなど大きな変化があったので、今はこのデータをそのまま適用できるような状況ではないのだが、現状を分析するにあたってある程度参考にはなるだろう。

次の図表8は経産省の発電コストの算定結果をもとに、VRE電源である太陽光、陸上風力、洋上風力と、その他の主力電源であるLNG火力、石炭火力、原子力のコストを、A：固定費、B：燃料費、C：その他に分けて比較した表である。それぞれの項目について簡単に説明すると、以下のようになる。

- 「A：固定費」は発電所が稼働しようがしまいがかかる費用で、内訳は発電所建設にかかる資本費と、発電所の運転維持費に分かれる。
- 「B：燃料費」は文字通り発電所の発電量に応じてかかる燃料費である。なおVRE電源はこの燃料費が0になるため、一度発電所を作ると追加的な発電のためにかかる費用（これを「限界費用」という）が0で、この限界費用が0である点が供給司令にあたってVRE電源が優先される大きな根拠になっている。
- 「C：その他」は電源導入のための補助金などの政策経費と、各電源に付随した公害対策や事故対策費用など外部への不経済に対応するための社会的費用を合計したものである。

このA〜Cを単純に合計すると発電コストが算出されることになるわけだが、固定費のうち資本費に関しては償却期間を終えて投資

単位：円/kWh	太陽光（事業用）	陸上風力	洋上風力	LNG火力	石炭火力	原子力
A：固定費計	10.5	11.8	18.2	2.5	4.3	7.9
（資本費）	7.3	7.1	11.9	1.3	2.0	4.2
（運転維持費）	3.2	4.7	6.3	1.2	2.3	3.7
B：燃料費	0.0	0.0	0.0	6.0	4.3	1.7
C：その他	0.7	2.9	7.7	2.2	5.0	2.1
（政策経費）	0.7	2.9	7.7	0.1	0.1	0.6
（社会的費用）	0.0	0.0	0.0	2.1	4.9	1.5
①単純合計（A+B+C）	11.2円/kWh	14.7円/kWh	25.9円/kWh	10.7円/kWh	13.6円/kWh	11.7円/kWh
②償却後コスト（①-資本費）	3.9円/kWh	7.6円/kWh	14.0円/kWh	9.4円/kWh	11.6円/kWh	7.5円/kWh
<想定稼働率/設備利用率>	17.2%	25.4%	30.0%	70.0%	70.0%	70.0%

図表8　発電コストの比較
（2020年に経産省が発電コスト検証WGで算定したものを基準に計算）

を回収した後は最終的に0円近傍になる。そのため表ではコストを

①単純合計コスト：A＋B＋C
②償却後コスト：①－資本費

に分けて計算している。
結果としては①単純コストベースだと

- LNG火力：10・7円／kWh
- 太陽光；11・2円／kWh
- 原子力：11・7円／kWh
- 石炭火力：13・6円／kWh
- 陸上風力：14・7円／kWh
- 洋上風力：25・9円／kWh

という結果になる。これだと一見LNG火力が最安で、それよりもコストが高い原子力や太陽光、風力を優先的に供給していることを経済的に正当化することはできないように思える。そこで続いて②償却後コストベースで見てみると、

- 太陽光：3・9円／kWh
- 原子力：7・5円／kWh
- 陸上風力：7・6円／kWh
- LNG火力：9・4円／kWh
- 石炭火力：11・6円／kWh
- 洋上風力：14・0円／kWh

と順位が大きく変わる。

このデータをどう理解すればいいかというと、例えば太陽光に関しては概ねパネルの寿命は40年とされているが、だいたい20年間で償却を終え政策支援も終わるので、ざっくりと20年目までは発電コストは11・2円／kWh、それ以降の20年は3・9円／kWhに下が

る、と理解すればよい。つまり太陽光は最終的に圧倒的に安い電源となる。

一方でLNG火力の場合はコストのほとんどが燃料費なので、償却を終えたところで9・4円とそれほどコストは下がらない。石炭火力も同様である。そう考えると、少なくとも原子力や太陽光や陸上風力に関しては、優先的に電力供給を受け付けていることを長期的には正当化できるだろう。洋上風力に関しては想定の稼働率（再エネの場合は「設備利用率」という言葉がほぼ同義で用いられる）が30％程度として算定しているが、これだと低すぎるので40％程度ないと経済的に正当化するのは難しいのかもしれない。

他方この償却後コストの、

太陽光（3・9円／kWh）＜原子力（7・6円／kWh）

という結果だけを見て、

「太陽光は原発より安くなる。もうコスト面でも原発は役割を終えた」

という論陣を張る人も結構いるのだが、これはもちろん適切ではない。

VRE電源はたとえ安かろうが、結局のところ太陽光発電ならば設備利用率が17・2％、風力発電なら30％前後にすぎない。そうするとこれまで再三述べてきたように結局発電していない時間帯は火力発電や揚水発電のバックアップに依存しなくてはならず、単体ではとても原子力発電の代替はできない。

簡単に、太陽光発電と原子力発電を、組み合わせのバックアップとなるＬＮＧ火力のコストも加味して比較すると、

- 太陽光×バックアップＬＮＧ火力：

→3・9円×17・2％＋9・4円×（1－17・2％）＝0・67円＋7・78円＝8・45円／ｋＷｈ

- 原子力×バックアップＬＮＧ火力：

→7・5円×70％＋9・4円×（1－70％）＝5・25円＋2・82円＝8・07円／ｋＷｈ

と原子力の方がコストが安くなる。そんなわけでこの項の結論をまとめると、

「再エネは安いのだけれど色々問題があるので、他の電源と組み合わせて使わなければならない」

ということになる。やっぱり大事なのはエネルギーミックスである。

蓄電池は電力貯蔵システムの救世主となれるのか

最後に電力貯蔵システムについても触れておこう。

現状電力貯蔵システムの主力、というより唯一の電力貯蔵システムは揚水発電なのだが、揚水発電所はこれ以上の開発がかなり困難で、その代わりになりうる次世代の電力貯蔵技術として蓄電池が注目されている。そこで「蓄電池は電力貯蔵システムの救世主となれるのか」について考えてみたい。

この章では繰り返し「電気そのものは貯められない」ということを述べてきた。電気はエネルギーそのもので物質ではないので、必然的に水やガスと同じようにタンクやボンベに電気を貯める、ということはできない。では「蓄電池とは何なのか」というと、電気エネルギーを他のエネルギーの形（一般的には化学エネルギー）に変換して保存しておき、使う時は再び電気エネルギーに戻す装置のことを指す。より正確には、「外部と直流電力で充放電を行い、電気化学反応によって電気エネルギーを化学エネルギーに変えて蓄え、逆に蓄えた化学エネルギーを電気エネルギーに変えて放出する装置」といったところである。

気の短い読者の方には、「結果として同じような機能を果たしているのだから、そんな細かいことはどうでもいいのではないか？」とお叱りを受けそうだが、蓄電池は機能が複雑でタンクやボンベと違って製造に多くの材料、部材が必要となるためコストが高く、また、その特性上電気エネルギーと化学エネルギーの変換を繰り返すので一定のエネルギー損失が生じるのだ。

具体的には蓄電池を「電力系統で余った電気で充電しておいて、需給が逼迫している時間帯に放電する」というようにピークシフト利用する際には、

①系統の交流電力を直流電力に変換する
②直流電力の電気エネルギーを化学エネルギーに変換して保存する
③利用する際は化学エネルギーを電気エネルギーに再度変換する
④直流電力を交流電力に変換して系統に流す

という4つの段階を経ることになり、それぞれの過程でエネルギーの損失が生じる。そのため電力系統に備え付けの蓄電池を接続して利用することを考えた場合、その有用性はかなり限定される。

少し計算してみよう。図表9は各電池の特徴/コストを簡単にまとめたものであるが、例えば使い勝手が良く使用が広がっているリチウムイオン電池(LiB)をピークシフト利用するケースを考えてみる。具体的には電力が逼迫する朝と夕方2回に3時間の利用を想定する。つまり、夜に充電して朝に放電、昼に充電して夕方に放電、というように1日2回充放電サイクルを回す形である。

すると1kWの発電能力につき最低3kWhのリチウムイオン電池が必要ということになり、10万円/kWhの電池を3つでコストが30万円かかる。これをリチウムイオン電池の耐久期間である10年間、毎日2回ほど充放電して回収することを目指そう。閏(うるう)年を考慮しなければ充放電の回数は、

365日/年×2回/日×10年=7300回

となる。したがって単純に考えれば一度の充放電で回収すべきコストは、

30万円÷7300回=41円/kWh

		リチウムイオン電池 (Lib)	ナトリウム硫黄 (NaS)電池	鉛蓄電池	(参考) 揚水発電
充放電効率	蓄電池	95%	90%	85%	−
	システム	86%	80%	75%	65-75%
耐久性	カレンダー	10年	15年	17年	−
	サイクル	15,000サイクル	4500サイクル	4500サイクル	−
コスト	−	10万円/kWh	4万円/kWh	5万円/kWh	2.3万円/kWh

図表9　蓄電池の特徴とコストの比較
(NEDO「安全・低コスト大規模蓄電システム技術開発」分科会資料をもとに作成)

ということになる。一方で電力の調達コストは、例えば充電にあたって必要な電力の原価を10円／kWhと考え、充放電効率が86％とすると、

10円÷0・86＝11・6円／kWh

程度かかる。これだけでも最低52・6円／kWhで電気を売らなければいけないということになる。他にも系統を利用するにあたって必要な託送料金や、蓄電池の経年劣化などのコストもあり、ここから一定の利益を得ようとすると、30％程度の粗利は考える必要があるだろう。そうすると平均して、

52・6円／kWh÷0・7＝75円／kWh

程度で電力を売らなければいけないということになる。

現在の高騰している電力の卸売市場の状況でも朝夕の価格は平均すれば30円／kWh程

度なので、このような水準での電力の販売はかなり困難といえよう。NAS電池や鉛蓄電池に関しても充放電サイクルが4500回程度と少ないので同様の結論が出る。そういう意味では揚水発電というのは電力損失がかなり多いものの、やはり低コストで優れた電力貯蔵システムであることがわかる。

以上、非常に粗い計算での検討だが、このレベルでも今のところ蓄電池はまだ電力貯蔵システムの救世主にはなりきれていないことがわかる。他方で蓄電池、特にリチウムイオン電池に関してはそれを使いこなすソフトの技術が現在急速に発展しており、耐久性やシステムとしての充放電効率をあげることで、6~7万円／kWh程度までのコストダウンは見えてきた。ここまで来れば電力貯蔵システムとして採算に乗るまであと一歩というところである。充放電効率を考えれば4万円／kWh程度までくれば、揚水発電と同等の競争力を持てるだろう。

ただ仮に蓄電池が今一歩のコストダウンに成功したとしても、
「夜と昼の電力が豊富に余っていて安価に調達できる」
というイン（蓄電）の条件も併せて達成されていなければ、蓄電池は電力不足の解決策にはなり得ない。そういう意味では、ベースロード電源やVRE電源の拡充も大前提としてやはり重要になる。
このように蓄電池は将来の可能性を秘めた偉大な技術ではあるが、今の段階では電力不足の救世主にはなりきれておらず、今一歩の技術進化や条件の整備が必要であろう。

まとめ：理想的な電力システムとはどのようなものか

この第1章では一問一答形式で、電気に関する身近な疑問から遡って、現在の我が国の電力システムが抱える問題についてさまざまな角度から考えてきた。あらためて本章で取り扱ってきたテーマを振り返ると以下のようなものになる。

- そもそも電気とは何か
- エネルギーとは何か
- 電気はどういうエネルギーか
- 私たちは電気からどれくらいの力を得られるのか
- 電気料金はどのように決まっているのか
- 電気にはどのような発電方法があるのか

- 電力システムはどのようにエネルギーミックスを実現しているのか
- なぜ東京は電力が不足するのか
- 電力不足は長期化するのか
- 日本の電力系統はどのような構成になっているのか
- 東日本の原発の再稼働はなぜ進まないのか
- 火力発電は今どのような問題を抱えているのか
- 再エネは結局「安い」のか
- 蓄電池は電力貯蔵システムの救世主となれるのか

これらのテーマについて、ある程度合理的な1つの解というものを示すことができたとは思うのだが、もちろん私自身にバイアスがあり、全てが完璧な答えというわけではない。特に議論が分かれそうな点としては「ベースロード電源、ミドル電源、ピーク電源、VRE電源」という区分に基づく系統運用であろう。一部の学者の方は「ベースロード電源という概念はもう古く、消滅する運命にある」と唱えており、それはそれで「なるほど」と思わせる最新の理論や海外事例に基づく理屈がある。ただ私自身は電力というのは経済社会全てに関わるインフラであるために、どうしても保守的、古典的な考えをとってしまうところがあり、国外に倣うよりも、国内でうまくいっている地域に学ぶ方が適切と考えている。

そこで本書では九州エリアを1つの成功事例と捉え、古典的な理論に基づいて議論を展開している。他の考え方が知りたい方は、また別の書籍を読んでいただければと思う。さまざまな思想があり、その思想が交錯することで進化してきたのが電力産業の歴史であり、まさに第2章ではその点について述べていく予定である。

ただどのような立場を取るにしろ「理想的な電力システムとはどのようなものか」という点については、およそ電力産業に携わる者なら異論がないように思える。

昔から電力システムに関しては

「豊富で低廉な電力」

という言葉がキーワードになってきた。もう少し言葉を足せば、

「需要に比して十分な供給力があり、発電コストが十分に安い電力システム」

というところである。国際政治情勢を考えれば電力システムには「SDGs」「地球温暖化対策」というものが強く求められるようになっており、今後は要件が一つ加わって、

「豊富で低廉で持続可能な電力」

というものが電力システムの理想、目指すべき姿となっていくように思える。

ところが目下九州以外の地域では電力料金が大幅引き上げ中で国民の電力システムに対する不満は高まっており、火力発電が主力電源となるなど、本来あるべき姿からどんどん遠ざかっているように見える。こうした観点からも原子力と再エネという非化石なエネルギー源が主力となっている九州エリアの電力システムは、2030年までという短期スパンで見た時、1つの解決策となっていると言えるだろう。

そういう意味ではこの章の1つの結論として、

「豊富で低廉で持続可能な電力」

を日本なりに作るために、

①豊富なベースロード電源

②豊富なVRE電源

③電力貯蔵システムのピークシフト機能の効率的な利用

を実現するのが、我が国の電力システムの目指すべき方向である、と改めて言っておきたい。

第2章

9電力体制はどのように誕生したか

「電力王」福澤桃介と「電力の鬼」松永安左エ門

第1章では現在起きている事象や問題に焦点を当てて電気に関する知識や電力システムの構造や問題に関する理解を深めてきた。これまで議論してきた通り目下電力システムは問題が山積みなのだが、これは現在電力システムが変革期にあるからである。少し前までは我が国では発送配電小売一体の9電力が地域ごとに小売市場を独占するシステムが当たり前で、それなりにうまく機能していたわけだが、東日本大震災を機に「電力自由化」が急速に進んできたことは皆様ご存じの通りだ。ところがこの「電力自由化」がどうにも上手くいっていない。

そこで第2章と第3章では、現在の電力システムへの理解をさらに深め、また、電気の将来のあり方を考えるために、過去に焦点を当てて電気と政治経済の関係について理解を深めていくこととしたい。要は歴史と理論の勉強である。大きく第2章では我が国において9電力体制が成立し全国あまねく電気産業の基盤が成立するまで、第3章ではその後、今に至るまで電力自由化が進展してきた経緯を振り返ることとする。

といってもただのっぺりと事実を羅列するような形で歴史全般を振り返っても味気がないので、我が国の電気産業のあり方に大きな影響を与えた偉人、怪人たちの人生に要所要所でスポットライトを当てるような形で歴史を振り返っていくこととしたい。電気産業の歴史にはいわゆる「人間力」にあふれた灰汁（あく）の強い人がたくさんいて大変面白い。

ということで導入となる第2章では、福澤桃介（ふくざわももすけ）と松永安左エ門（まつながやすざえもん）という2人の人物が我が国の電力産業の草創期に辿った道を追っていきたい。福澤桃介はあの福澤諭吉の養子で、電気の卸売というビジネスモデルを確立して「電力王」とも呼ばれた経済人である。他方の松永安左エ門は政財界に多大な影響を与え、いわゆる戦後の「9電力体制」を確立して「電力の鬼」と呼ばれた人物である。そしてこの二人の人生は、桃介が兄貴分、安左エ門が弟分とも言えるほど非常に深く交差している。

電力と政治の関係性については、

- 電力は生活、産業の基盤であり、安全保障にも関わる問題なので国家が積極的に関与して国として一丸で取り組むべしとする、「電力国策論」と言えるような立場
- 電力は国の行末を左右する重要なインフラであるが、その取り扱いは難しく創意工夫が必要なので、硬直的な国家に任せるのは不適切で民間の力を活かすべきとする、「電

力民営論」と言えるような立場の2つが対立してきた。

この対極にある二つの思想は実のところどちらも一長一短あり、結果的に我が国の電力行政は紆余曲折を経て「国策民営」という両者の折衷案のような体制に行き着き今に至るのだが、福澤桃介は「電力国策論」に近い立場を、松永安左エ門は「電力民営論」に近い立場を取り続けていた。またビジネススタイルという面でも桃介は拝金主義者、安左エ門は実業主義者で対極にあった。それにもかかわらず、両者は長らく行動を共にし、電力業界の歴史に名を残すような成果を上げたということは興味深い。まずは第2章の入りとして、簡単に桃介と安左エ門が出会うまでの人生を見てみよう。

福澤桃介は1868年（慶応4年）に今でいう埼玉県あたりの貧乏な農家であった岩崎家に生まれた。桃介は幼い頃から秀才の誉れ高く、地元の川越中学を卒業すると、周囲のすすめで設立したての慶應義塾に入学した。ただ桃介は頭は切れるが、やることはめちゃくちゃな人間で、慶應に入ってからも、運動会で白いシャツにライオンを描いて目立とうとしたり、「飯がまずい」と言って数人で賄い人を制裁して食事改善要求を出したりと問題行動を繰り返していた。

　これが逆に福澤諭吉の目に好ましく映り、諭吉の次女の房との縁談を勧められることになった。このころ桃介は生涯続く芸者貞奴との恋に夢中であったが、諭吉に「３年間のアメリカ留学」という条件を出され、散々迷った末に自身の立身出世を考えてこの縁談に乗ることとした。こうして１８８６年、18歳にして桃介は房との結婚を前提に福澤家に婿入りし「福澤桃介」となった。

　１８８７年になると桃介はアメリカへ留学し、１年ほど座学で学んだのちに、１８８８年から当時アメリカ最大の鉄道会社であったペンシルバニア鉄道に事務見習いとして働くことになった。ここで鉄道会社の経営について学んだことが彼の後々の人生において活きることになる。１８８９年になると実父、実母が立て続けに亡くなったこともあり、日本へ帰ることを決意する。日本へ帰ると諭吉のあっせんで桃介は北海道探鉱へと入社する。当初薩摩閥が跋扈するこの会社の社風に馴染めず苦戦するものの、石炭の国際営業を任されると桃介は得意の英語を駆使して世界中に北海道の石炭を売り歩き、大活躍を見せる。しかし桃介はあまりの過労に徐々に体を壊していき、１８９４年、26歳の時に結核に罹り倒れる。

桃介はここで仕事を離れて長期静養に入るのだが、案の定時間を持て余した。また、経済的不安もあったことから、これを解消するために株式投資を始めることにした。桃介はここでも思わぬ才覚を発揮し、日清戦争による空前の好景気の後押しもあり、たった1年で元手1000円を10万円にまで増やすことに成功する。当時の物価は今の3000～4000分の1程度なので、これは今の3～4億円に相当する。この頃になると桃介は株の名手として名を上げ、相場師とか山師と揶揄されるようになっていた。そしてこれは相場を博打と嫌う諭吉の不興を買った。

桃介は稼いだお金で日本中を回って見聞を広めていたのだが、1898年になると諭吉の甥の中上川彦次郎が「病も快癒したし、そろそろ実業に戻らないか」と王子製紙の取締役に招聘してきた。裏に諭吉の圧力を感じた桃介はこれに逆らえず王子製紙に入社するのだが、就任早々大蔵大臣の井上馨の接待の際に何を聞かれても「わかりません」と答えるという不躾な対応をしたことで怒りを買ってしまう。井上馨はのちに元老にまで栄達する有名な政治家だが、結構性格が悪かったようだ。これで王子製紙内に居場所がなくなった桃介は、ついに自分の会社を立ち上げることを決意する。

こうして桃介は1899年、31歳の時に「丸三商会」という小さな会社を設立する。この時に桃介が同社の神戸支店長としてスカウトしたのが、当時慶應義塾を卒業して日本銀行に入行していた松永安左ェ門であった。

「拝金主義者」福澤桃介と「実業家」松永安左ェ門のタッグ誕生

松永安左ェ門は長崎県の壱岐(いき)島で1875年(明治8年)に生まれた。桃介よりも7歳年少である。

そんな安左ェ門も桃介に負けず劣らず曲者(くせもの)で、10歳の時(1885年)に、近くの山口県出身の伊藤博文が内閣総理大臣になったことに刺激を受け、子供心に「ようし、おれもいつか総理大臣になってやろう」と思ったそうだ。そして数え年で13の時(1887年)にまだ小学校も卒業していないのに「東京へ行きたい」と家で独りハンガーストライキを始め、家族を強引に説得して東京へ出てきた。頑固さもここまで来ると才能であろう。

2年ほど経って1889年になると慶應義塾に入学し、そこで福澤諭吉の薫陶を受け大いに刺激を受けたようであるが、1893年に父親が亡くなって家督を相続するために一度壱岐に帰ることになる。安左ェ門は幼名を亀之助と言ったが、この時に父親の名前を襲名し名実共に「松永安左エ門」となった。ただ安左エ門は東京に出る夢を捨てがたく、家業を整理して弟に財産の一切を譲渡し、1897年22歳の春に再び東京に出て慶應義塾に入り直す。

この時は右も左も分からなかった少年時代とは違い年齢不相応の苦労、経験をしたこともあり安左エ門は大きく成長しており、福澤諭吉にだいぶ気に入られたようでよく朝の散歩のお供をしたそうだ。そしてこの朝の散歩が安左エ門の人生の転機となる。ここで桃介との運命の出会いを果たすのだ。

当時桃介は結核を患って東京で養生しながら相場に熱を上げていた時期で、安左エ門も一緒になって相場に精を出して、ちょっとした財産を築くことに成功した。その後安左エ門は慶應義塾を中途退学し、1898年に三越の従業員を経て日本銀行に入行するのだが、すぐに飽きてしまう。そこに前述の通り桃介の誘いを受けたので渡りに船とばかりに1900年3月に丸三商会の神戸支店長となった。なお安左エ門が日本銀行に入行したのも桃介の勧めによるものであったから、当時の二人がいかに親密であったかがうかがえる。

桃介はこの丸三商会でロシアの東清鉄道に敷く枕木の輸出のビジネスをしようと、三井銀行に融資を頼んだ。当初銀行はこれに前向きな姿勢を見せていて順調に運ぶかと思ったが、いざ取引が始まる直前に銀行が突然手のひらを返した。この裏には当時桃介の遊びがひどくて妻の房が困っており、諭吉がこのことに対して苦言を呈していて、その意を汲んだ慶應関係者がこの商談を潰しにかかったという事情があった。

これにより丸三商会は経営が行き詰まる。この時桃介は岳父の諭吉から受けた融資を焦げ付かせたため「眼玉の飛び出るほど」叱られたという。しかしながら桃介にしてみればこのような事態になったのは諭吉や慶應関係者の責任で、これ以来桃介は「慶應義塾は敵である」と思うようになり、諭吉との関係も決定的に悪化した。さらには結核も再発し、桃介は安左エ門に頼んで丸三商会を閉鎖する。丸三商会の命はわずか1年であった。

桃介にとってはおそらくこれが人生の最悪の時期で、これ以後彼は人格も変わり、もう二度と金に困らないように、と「拝金主義者」となったと言われている。早速桃介は相場に乗り出し、アウトサイダーまがいの取引で再び大金を稼いだ。これを評して諭吉は「桃介も仕方がない。相場師になってしまった」などと呆れて二人の関係はますます悪化したが、そうこうしているうちに1901年2月に諭吉が死去してしまう。こうして桃介の心には諭吉との確執が生涯消えない傷として残ることになる。以後の桃介の実業界での活躍はこのコンプレックスが原動力になっているように思える。

一方の安左エ門も職を失って困っており、しばらくは桃介の家で居候として子供の世話などをしていたが、最終的には桃介からの資金援助を得て1901年に「福松商会」を立ち上げる。「福松」は福澤と松永のことである。この福松商会で安左エ門は桃介の指示を受けて石炭の販売に乗り出し、日露戦争の勝利に乗って儲けに儲け、株の運用なども成功し、60万円から70万円、現在の価値で言えば120億円から140億円の金を手にする。丸三商会の大失敗からわずか3年で桃介と安左エ門は共に成金になったわけである。

しかしここで満足しないのが安左エ門の安左エ門たる所以で、ここからさらに資産を10倍にしようとしたところで日露戦争後の恐慌に巻き込まれ大損し、全ての資産を失う。あげくの果てには火事で大阪北区の屋敷も失い、借金取りに追われて神戸の海辺の家に引きこもる。人生のどん底であったが安左エ門はこの時期の1904年に結婚した妻カズと夫婦二人の隠遁生活を過ごし、人生を考え直した。

安左エ門はのちにここまでの時期を、

「青年時代の私は要するに功を急いだ。野心に燃えすぎた。相場をやり、石炭では思惑買いもやり、入札に勝つには手段を選ばなかった。すべてに『心がけ』が悪かった……

アンビジョン（野心）は必要だが、私の場合は方向が違っていた。ギャンブル、スペキュレーション（投機）を捨て去るのでなければ、本当のプロジェクト、企業での成功も到底できないと考えるようになった」

と振り返っている。安左エ門の人生のこの時期までは「虚業時代」と言われることもある。

ここから安左エ門は事業に対する姿勢を一変させ、「実業家」への転身を決意する。一方の桃介は日露戦争後の恐慌をうまく乗り切り、相変わらず株式に手を出し続け、さまざまな会社の買収・売却を行っており、その中で徐々に電力事業に乗り出すようになる。

こうして人生の激動を経て「拝金主義者」と化した桃介と、「実業家」への転身を固く誓った安左エ門のタッグがいよいよ電力業界に進出していく。

安左エ門、北九州にて電力会社の科学的経営を確立する

桃介は相場で３００万円（現在の価値で35～40億円程度）ほど儲けると、とりあえずは相場を引退し、今度は実業の世界に乗り出すことにした。この過程で桃介と安左エ門の関係は株主と雇われ経営者のようなものに変わっていく。そしてそのフィールドになったのが電力業界だった。

安左エ門は1908年2月、桃介に頼まれる形で佐賀県下の水力発電会社「広滝水力電気」の監査役に就任する。時に32歳、これが後に「電力の鬼」と呼ばれた安左エ門と電力産業との関わりの始まりである。続いて翌1909年、福岡市での市街電車の敷設のために立ち上げられた福博電気軌道社の専務に就任するが、これが安左エ門の経営者としてのキャリア転換の転機となった。形式上は同社の過半の株式をコントロールできる桃介が社長で、安左エ門が専務という形を取っていたが、実質的な経営者は安左エ門だった。

この事業自体が安左エ門が持ち込んだ案件ということもあり、安左エ門は全面的に陣頭指揮を執りわずか6ヶ月という短期間かつ低コストで福岡市内線を開通させた。この事業の成功により同社の株式は2倍に高騰した。桃介はここでちゃっかりと利益をあげ、これを利用して周辺の鉄道会社、電気会社を次々と買収していく。当時は電力網が未整備であったので、鉄道会社が電力会社と連動して事業を拡張させていく戦略は合理的であった（図表10）。

こうして安左エ門の経営手腕と桃介の買収手腕が連動し、両者はタッグで北九州で次々と電力事業、鉄道事業を展開していく。

　こうして買収された会社はだんだんと九州電燈鉄道に集約されていくのだが、二人は佐賀県から始まり、福岡、博多、さらに北九州全般と破竹の勢いで事業を拡大していった。

　この時のことを桃介は後に振り返って、

「予が松永くんとの友達関係から、明治42年（1909年）福博電気軌道の事業に関与しこれに投資した一事が、枝が枝を出し、ついに今日のごとく本邦の電気事業と広き交渉を有せしむるにいたった」

「自分は時々顔を出す程度で、事実松永の独力経営であった」


と語っている。

	松永安左エ門	福澤桃介
広滝水力電気	1908.2～1910.9 監査役	1906.11 大株主
福博電気軌道	1909.8～1911.9 専務	1909.8～1911.9 社長
九州電気	1910.9～1912.6 取締役 1911.1～1912.6 常務	1911.1～1912.6 取締役
博多電燈軌道	1911.11～1912.6 専務	1911.11～1912.6 相談役
九州電燈鉄道	1912.6～1922.5 常務	1912.6～1922.5 相談役

図表10　九州における松永安左エ門と福澤桃介の活動

この時期の安左エ門の電気事業の経営スタイルは営業面では「利用者開拓主義」とも呼ばれ、電燈料金を大幅に値下げして次々と辺鄙（へんぴ）な土地にも電柱を建て、可能な限り広い範囲で電力を供給するものだった。いわば安売りでシェアを広げる戦略である。

他方で電源面では「水火併用」を重視し、水力中心の九州電気と火力中心の博多電燈軌道の合併を推し進めて安定供給体制、コスト削減を実現した。水力発電は需要が増える冬に渇水、需要が減る夏に豊水となり、発電能力と需要にギャップが生まれるという根本的な問題を抱えていた。この問題を水力発電だけで解決しようとすると設備が課題となってコストが増加してしまうのだが、火力発電を補助的に使えば、水力発電の規模は小さくて済み、コスト面でも供給面でも大きなメリットが得られたのである。これは特徴の違う複数の電源を組み合わせて欠点を補い合う、現代における「エネルギーミックス」の考え方に通じるものだ。

また経営面では近代的な会計システムを導入する「科学的経営」を押し進める。今では当たり前となった、電力事業を固定費と変動費に分けて管理し、固定費を抑制するために低金利の長期融資を重視する考え方を定着させた。

このように安左エ門の経営スタイルは現代における電力会社の経営の基礎となる実業重

視の普遍的なものであったが、これは相場師的な考えで配当や株式の売買を重視する桃介とは根本的に異なっていた。このことについて安左エ門は

「桃介さんという人は、結局電力を作って株式を高く売り、株主も儲けさせれば、自分も儲けるという行き方で、私の考え、すなわち電力というものは、国の開発の支えになるものであくまでその目的第一で行かねばならぬというものとは、やがて相容れぬということがわかって来た」

と述べている。しかしながらこの時点では「桃介が買収し、安左エ門が経営する」という役割分担が機能していたため、こうした両者の考え方の違いはまだ表面化、問題化するに至っていなかった。というより相互補完的であったとすら言える。長らく同じ道を歩んできた両者が袂（たもと）を分かつのは、むしろ後に桃介が拝金をやめて実業に本格的に取り組んだ時だった。

桃介が確立した卸売電力会社のビジネスモデル

桃介は九州での電力事業にはあまり興味を示さなかったが、名古屋電燈については当初から積極的に経営に関与した。その背景には桃介の水力発電事業への執着があった。桃介はこの時期「愉快で愉快でたまらぬ」と言うほどに木曽川の電源地域の開発にのめり込んでいた。桃介は具体的な木曽川の電源地域の利点として、

- 水量が豊富である
- 河川の急勾配による落差が多い
- 電力の消費地に近く、送電設備に多額の負担を要せず、送電ロスも小さい
- 都市部に近く鉄道運輸に便利である
- 水源深く水流がいつでも枯渇しない

ということを挙げている。

またこうした個別の理由のほか、桃介が水力発電所の開発に取り憑かれたのは岳父であった諭吉の「水力発電立国論」の影響があったと言われている。諭吉は「資源の少ない日

本も水力発電に関しては絶好の条件がある」という持論を持っていた。前述の通り、桃介は事業の失敗により諭吉との関係が悪化したまま、諭吉の死を見届けることになってしまったという心の傷があった。

そのためか桃介は早くから水力発電事業に関しては珍しく「事業として」関心を抱いており、実際夢に終わった丸三商会を設立した31歳の時期に早くも利根川を調査し、長野の佐久に発電所を建設しようとしていた。この計画は残念ながら頓挫するのだが、その後も桃介は水力発電事業の可能性について調査を続けていた。そして「木曽川流域に大規模な水力発電所を建てて、大都市である名古屋で消費する」というアイデアに取りつかれ、その手始めとして、独自の判断で九州から離れた名古屋の電力事業の買収に乗り出したのである。つまり名古屋の電力事業への進出は桃介の独断であった。この頃の安左エ門と桃介のキャリアを見比べると「オーナーと経営者」という両者の関係性が徐々に崩れ始めていることが見て取れる。

１９１０年に名古屋電燈の常務に就任した桃介が取り組んだのは木曽川に発電所を建設中であった名古屋電力を吸収合併することであった。１９１４年には同社の社長となった桃介は、１９１８年には同社の木曽川での水力発電事業を分離独立させて木曽電気製鉄という会社を作り、名古屋電燈の方は配電事業に専念させる。こうした動きから、桃介はこの頃からすでに、本格的に「大規模発電所の開発による電力の卸売」というビジネスを見据えていたことがわかる（図表11）。

実際桃介は木曽川での水力発電のポテンシャルを最大限に活かすため、同地域での発電所の開発と並行して、木曽川から関西方面への送電網を整備するための「大阪送電」という会社を1919年に作り投資を積極化する。桃介は計画的に事業を進め、地元住民に命を狙われながらも強引に水利権や土地交渉をまとめ上げ、最終的には1934年に完成した大井川発電所をはじめとして木曽川流域で多数の大規模ダム式水力発電所の開発に成功した。当時は「桃介の来訪を知った若衆が数十人も駅で待ち伏せして襲撃しようすることもあった」と語り継がれており、逆に名古屋電燈の側が暴力団を村に送り込むようなこともあったとい

	松永安左エ門	福澤桃介
名古屋電燈		1910.1～1921.10 取締役 1914.12～1921.10 社長
木曽電気製鉄 (木曽電気興業)		1918.10～1921.2 社長
大同電力	1922.12～1936.12 取締役	1921.2～1928.6 社長
東邦電力	1922.6～1928.5 副社長 1928.5～1942.4 社長、会長	1922.6～1928.1 相談役

図表11　全国での松永安左エ門と福澤桃介の活動

う。こうした行動はもちろん決して褒められたものではないのだが、いずれにしろ桃介の水力発電事業に対する取り組みは本気であった。

しかし逆に名古屋電燈の経営の方はというと、配電事業の施設・サービスの向上への投資を怠った結果、停電が頻発するようになる。これでは本末転倒で、市民の同社に対する信頼は失われ、経営は混乱に混乱を重ねて政治問題化した。このような中で桃介は配電事業の経営に対する興味を失い、例によって安左エ門に名古屋電燈の経営の後処理を任せることにした。こうして安左エ門が社長を務めていた九州電燈は、名古屋電燈を吸収するような形で本州に進出し、1922年6月に東邦電力へと生まれ変わることとなった。

他方の桃介は木曽電気製鉄を基に大同電力という会社を作り、配電とは距離を置いて木曽川流域に多数の大規模な水力発電所を建設し、配電事業会社向けの電気卸売事業を展開する。こうした大規模電源開発と、その発電所からの卸売を重視するスタイルは今の「電源開発（J－POWER）」の源流となる経営スタイルである。桃介は本当に勝手な男であるが、現代につながる1つのビジネスモデルを作ったという意味でやはり偉人ではある。安左エ門は大同電力にも取締役として関与し続けたが、やがて長くパートナーとして活動して来た2人は徐々に距離を置くようになっていく。

ここまで見てきたように桃介と安左ヱ門の2人は紆余曲折の末に、安左ヱ門は東邦電力という西日本で最大規模の電力会社の、桃介は大同電力という日本最大規模の卸売電力会社を経営することになった。両者の関係は基本的には桃介が兄貴分として走り出し、安左ヱ門が弟分として後ろから桃介を支えるというものだった。しかしながら桃介は安左ヱ門と距離を置き始めて以降、健康が急速に悪化し、また悲願の木曽川開発がひと段落したこともあり、1928年には事業からの引退を決めて大同電力、東邦電力の職からも退く。

こうして西日本の電力産業の基礎を築いた、桃介と安左ヱ門の無敵のタッグは解消することになったのである。

安左ヱ門、「電力戦」に乗じて東京に進出

桃介の引退以降、安左ヱ門は一民間企業の経営者という立場を超えて、日本という国全体の電力産業のあり方をも左右するほどの立場を獲得していく。ここで一度安左ヱ門が電力業界の顔として地位を確立した1920年代から1930年代がどのような時代だったのか、その前後も含めて見ていきたい。

日本で初めての火力発電所が作られたのは1887年のことだった。この発電所は東京

電燈によるもので、そこから同社はしばらく順調に成長し、１８９１年には1万灯に電気を配給するようになった。するとこの東京電燈の成功例に追随して、他の都市でも徐々に電力会社が各地の名士や自治体によって設立されていき、電気の利用が広がっていく。統計上の発電設備のデータを眺めてみると、１９０３年には60の電力会社の合計の発電設備が（水力：13千ｋＷ、火力：31千ｋＷ）だったのが、

１９０５年：（水力：18千ｋＷ、火力：56千ｋＷ）
１９１０年：（水力：１１３千ｋＷ、火力：１４５千ｋＷ）
１９１５年：（水力：４４９千ｋＷ、火力：３２３千ｋＷ）
１９２０年：（水力：８２５千ｋＷ、火力：５５３千ｋＷ）
１９２５年：（水力：１８１４千ｋＷ、火力：９５４千ｋＷ）
１９３０年：（水力：２９４８千ｋＷ、火力：１５５２千ｋＷ）
１９３５年：（水力：３３８２千ｋＷ、火力：２３７５千ｋＷ）
１９４０年：（水力：５１２７千ｋＷ、火力：３９４６千ｋＷ）

とわずか40年弱で水力は400倍、火力は130倍程度にまで増強されている。特に1920年以降は卸売電力会社によるダム式の大規模な水力発電の開発が進み、一気に水力発電の容量増大が加速していることが見て取れる。

当初は全国的に電力網が未整備で、各電力会社の供給区域が重なることがなかったため各地でバラバラに電力会社が乱立し、1915年時点で510社にまで増えていた。こうした電力産業勃興の動きのなかで、九州において頭角を表してきたのが安左エ門なり桃介なわけだが、この頃から段々と各電力会社の供給区域が重複してくるようになる。

基本的には電力というのはどの会社から買おうが商品としての機能にほとんど差はないので、同じ供給区域における複数社の住み分けが困難で、徐々に各地で熾烈なシェア競争が起きるようになる。このような激しい競争の中で企業の買収が活発化し、東京電燈、東邦電力、宇治川電気、大同電力、日本電力のいわゆる「5大電力」が形成されていくことになった。このうち東京電燈、東邦電力、宇治川電気は発電所のみならず配電網も持つ小売電力会社で、大同電力と日本電力は大規模発電所から配電網に送電する卸売電力会社であった。

競争が激しい中でも電力市場全体を見れば、第1次世界大戦が終わるまでは工業の特需や動力の蒸気から電力への切り替えを背景に順調に拡大していたが、第1次世界大戦が終わるといわゆる「戦後恐慌」が始まり電力需要の伸びが鈍化する。そうなると今度は発電力が過剰供給気味になり、5大電力会社間の需要家争奪戦が本格化する。これがいわゆる「電力戦」である。

必然的に5大電力会社のひとつである東邦電力を仕切っていた安左エ門もこの電力戦に、守りという意味でも攻めという意味でも巻き込まれていく。安左エ門は東邦電力の本社を東京に置くなど早くから東京圏内への進出に興味を示していた。1923年12月には群馬電力を買収し社長に就任し、東京進出の準備を着々と進めていたが、ここで思わぬ事態が発生した。卸売電力会社であった日本電力が東邦電力のお膝元の名古屋の小売に殴り込みをかけてきたのだ。

安左エ門が東京進出に夢中になっている間に、日本電力の池尾芳蔵社長は極秘裏に名古屋への参入を準備していた。そして東邦電力より2割も安い値段で大口の需要家に売り込み、あっという間に15000kW分の契約を獲得した。さすがにこれはどうにもならないと音を上げた安左エ門は、関西財界のドンである小林一三に仲介を依頼し、24年3月に両者は和解調印を結ぶ。

このときのことを振り返って安左エ門は

「小林一三に『池尾の言うことをなんでもハイハイと聞け』と言われ無条件降伏を決めた」

と語っている。当時小売電力会社の方が卸売電力会社よりも利益率が高かったので、卸売電力会社は小売電力会社に競争を仕掛けることで良い条件を引き出し利益率の平準化を図っていた側面があり、池尾芳蔵は条件交渉がまとまると競争をやめて引き揚げていった。

こうしてなんとかお膝元での戦いを終わらせた安左エ門は今度は攻める側に回り、先の群馬電力を、別に買収した山梨県で水力発電を開発していた早川電力と統合させ「東京電力」を設立する。そして1926年から当時首都圏の大手であった東京電燈に対して「東電（東京電燈）・東力（東京電力）戦争」と呼ばれた凄まじいシェア争いを仕掛け始めた。

安左エ門の東京への新規参入、需要家開拓は言ってみれば捨て身のダンピング攻勢で、2割、3割引は当たり前という具合であった。両者の競争は熾烈で「表通りに東電の電柱が立てば、裏通りに東力の電柱が立つ」、「同じ建物の一階には東電の灯りが、二階には東力の灯りがつく」、「座敷には東力の、トイレには東電の灯りがつく」という例などが本当にあったようだ。

しかし流石にこの不毛な消耗戦は両者の経営を傾かせる。1928年4月に両者は和解して2年間の戦いをやめ、東京電力は東京電燈に合併されることになった。表面的には東京電力側の社長であった安左エ門の負けである。ただ、この合併の後に安左エ門はライバルであった東京電燈の社長である若尾璋八を追い出すことに成功し、自らは東京電燈の大株主、取締役の地位を獲得している。元々安左エ門が東京進出を試みたのは、自らのビジョン達成のための電力業界における地位獲得という側面が大きかったので「名を捨てて実を手に入れた」と言えよう。

このように1920年代後半は5大電力会社が各地でシェア争いを繰り広げ経営体力を消耗する「電力戦」が展開されていたが、各社ともこれではとても持たないと、競争を終わらせる方法を模索され始め、電力業界の統制のあり方について活発に論争が行われるようになった。

電力戦の終焉と電力統制、電力国家管理への道

このように1920年代は5大電力同士の熾烈な「電力戦」の時代であった。

この電力戦は非常に歪んだ市場競争で、都市部のような激戦区では互いに得意先を切り崩すために2割、3割とダンピングが横行するのに、一方で競争のない農村地域では高い料金が据え置かれるという不毛な争いだった。この電力戦で電力会社の体力は消耗し、市民の間でも不満が高まり各地で電力料金の引き下げを求め「電灯争議」が起きる。1930年代に近づくと「どのように電力戦を終焉させるか」という「電力統制」に関する議論が活発化してくる。

安左エ門はこれに関して明確なビジョンを持っており、早くも1928年5月に「電力統制私見」を発表している。この中身は、

- 電気供給事業は供給区域内独占を原則とすること
- 発電会社と小売会社を合併させて需給の食い違いをなくすこと
- 1区域1会社主義の原則の下で、過不足の調整、火力発電の予備力を共通運用し、他地域と連携すること

- 地域を北海道、東北、関東、北陸、東海、関西、中国、四国、九州に分けて地域内小売会社は合併させること
- 料金は許可制とすること

などで、この構想はほぼ「①民営、②発送配電小売一貫経営、③地域別9分割、④独占」に特徴づけられる戦後の地域独占の9電力体制そのものであった。安左エ門はこの時期から9電力体制の構想を明確に持っていたということになる。そもそも安左エ門は電力業界の将来を見据えて、こうした自らのビジョンを実現するために東京電燈に電力戦を仕掛けて業界での地位を獲得した節があった。しかしながら安左エ門の構想は卸売電力会社からすれば会社の消滅を意味するため到底のめない案で、この時期は日の目を見ることはなかった。他方でかつての盟友であった桃介は、木曽川の水力開発で一民間企業だけでは遂行が困難な大規模な電源開発を進めた経験から、電力の国策化、国営化を唱えていた。やはり桃介と安左エ門と事業家としての世界観が根本的に異なっていたといえよう。

こうした電力統制の議論の活発化を受け、1931年10月に電力業界を所管していた小泉又次郎逓信大臣（今をときめく小泉進次郎議員の曽祖父にあたる）は金融業界首脳と面談し、

電気業界の過当競争を鎮静化させるために政府が業界統制を強めていく意向を伝えた。これを受け1932年3月から4月にかけて5大電力の代表と財閥系銀行の代表が協議し、その妥協案として「電力連盟」の結成が決定された。この連盟は典型的なカルテル組織で、

- 二重投資をしない
- 同じ地域に重なって免許を申請しない
- 電気料金での競争はしない
- 連盟で各社の意見を調整する

といったことが規約で決められた。あからさまな競争回避策である。併せて電気事業法がこうした動きを裏付けるような形で1932年12月に全面的に改正され、

- 電気料金が届出制から認可制になる
- 電力会社の供給義務が明文化される
- 電力会社の合併には国の認可を要する

などといった制度変更が行われて政府の電力業界への関与が大幅に強まり、これによって電力戦は一応収まった。

しかしながら電力戦が収まると今度は電力業界に別の災難が降りかかってきた。「電力の国家管理」に向けての政治的動きの活発化である。この動きの中心となったのは日本の軍国化・大陸進出を本格化させるための政治構造の抜本的な変革を目指す「革新官僚」と言われる一派である。1935年に逓信省の奥村喜和男、陸軍省の鈴木貞一らが新規に設定された内閣調査局に集まり、電力の国家管理を本格的に検討し始める。

彼らが目指したのは電力事業の「民有国営」で、「民間電力会社が保有する発電設備と送電設備を強制的に1つの会社に出資させ、所有は民間のままで経営は国でやり、配電・小売は従来通り民間企業が続ける」というものであった。いわば民間の発電設備と送電設備を国が乗っ取るような案で、内閣調査局は電光石火でこの案を取りまとめ1937年1月には「電力国家管理法」を提出した。

電力業界は完全に意表をつかれた形で、遅まきながらこれに反発するものの、時すでに遅しで流れは決まっていた。1937年10月には「臨時電力調査会」が発足し、この場に

産業界および電力業界の35名の委員が集められ、

- 新規水力発電所、主要火力発電所、主要送電設備は国が管理する
- 電力の需要計画、発電及び送電施設の建設計画、電力料金、電力の配給は国が決定する
- 配電事業を整理統合する

といった内容の答申案が、多数決で無理やり電力業界の意見を圧殺する形で決められた。そして翌1938年3月、電力管理法、日本発送電株式会社法などが成立し、電力の国家管理は実現に至る。

なおこの直前の2月、電力王と呼ばれた福澤桃介は息を引き取っていた。享年70歳であった。一方の安左エ門は電力国家管理が決まると、これに反発して引退し、隠居生活を送り始めた。

電力国家管理の失敗と9電力体制の誕生

こうして軍部と革新官僚が「豊富で低廉な電力の供給」のために強権的に実現させた電

力の国家管理であったが、その実行機関として1939年4月に誕生した日本発送電（日発）の経営は出だしからつまずく。

同年は年初から雨が少なく水力発電が不調で、また、発電部門と配電部門・小売部門との意思疎通が悪くなった結果、これを補う石炭の調達も上手くいかず、早速電力が不足することになった。政府は1940年2月に仕方なく電力調整令を発動して民間の電力の使用を制限することになった。こうして日発は最初の決算から赤字となり、政府の補助金をあおがざるを得なくなった。

このように日発の経営は役所仕事でスピード感に欠け、発電能力の増強も進まず、電力の国家管理は想定したようには上手くいかなかった。しかしながら日発の全てが失敗だったかというとそうではなく、送配電に関しては著しい整理統合の成果が見られた。政府は民間電力会社の反発を強権で押し潰し、40年末には410社あった電気事業者を9つの国営会社に集約させたのである。この9つの国営会社がのちの9電力会社の原型である。

これにより各社でバラバラで作られていた配電線が統一、整理統合され、電力の潮流も効率化した。各社ごとにこれまたバラバラであった周波数についても西日本は60Hz、東日本は50Hzと統一させることに成功した。それまでは各社が使用する設備によって同じ地域内であっても会社ごとに周波数が異なるのが当たり前だった。

このように電力の国家管理は成立当初の「豊富で低廉な電力の供給」というミッションには失敗したが、電力業界の集約化と送配電網の効率化、地域間連携という面ではある程度成果を上げた。しかしながら太平洋戦争が終わるとすぐに電力業界の国家管理体制は行き詰まった。

日発の経営は赤字基調で、それを政府が補助金で補塡している状態だったが、連合国最高司令官総司令部（ＧＨＱ）の指示により政府から日発への補助金が止められたのだ。これは結果論というより、日発の解体を目論むＧＨＱが意図的に経営危機に陥らせたといえるだろう。ＧＨＱは日発を軍部の一部と見なしていたので、その解体にこだわっていた。

ＧＨＱは日発解体に向けた次のステップとして、１９４8年4月に国家管理後の電力業界のあり方を議論するための電気事業民主化委員会を発足させた。この委員会はなんとか日発の全国一元化の枠組みを維持しようとする商工省－産業界と、日発を解体して地域別に民営の発送配電小売一貫経営の会社を新たに置こうとするＧＨＱの意向の調整の場となった。同年10月にまとめられた報告書の結論は「本州と九州では現行の体制を維持し、北海道と四国に発送配売電小売会社を新設する」といういかにも折衷案らしいものだった。

しかしこれにGHQは満足せず、「日発を解体して全国を7か9のブロックに分けて地域別に発送配電小売一貫経営の新会社を作るべき」とする意見を通産省に伝える。GHQに逆らえない政府はGHQの意向を踏まえた再編案を議論する場として1949年11月に電気事業再編成審議会を発足させた。そしてこの会の会長として吉田茂が直々に招聘したのが松永安左エ門であった。

この会長就任は安左エ門にとっての久々の表舞台への帰還であった。安左エ門は会長になると早速GHQに足繁く通いだした。この時のGHQの電力問題の担当者であったT・O・ケネディは元々オハイオ州の電力会社の社長だったためか、安左エ門とケネディは意気通じるものがあったようで、GHQは安左エ門が戦前から提唱していた日本を9ブロックに分けて地域別に発送配電小売一貫経営の独占会社を置くという9電力体制案に理解を示すようになる。一方当時の世論は産業界、国民共に急激な変化を望んでおらず、委員会の5人の委員のうち4人は現状維持に傾いていた。つまり安左エ門は孤立していたのである。

しかしながら現状維持に傾く委員会の姿勢をGHQは再び拒絶する。委員会は結局GHQに逆らえず、最終的に、

①全国を9ブロック化する
②大消費地を抱える電力会社にはエリア外の電源保有を認める（「爪揚げ方式」）

という安左エ門の案のベースを丸呑みした上でさらに、

③電気料金の地域差調整の措置を講じる
④通産省に監督機関として公益事業審議会を設置する

を加えた4点を柱とする方針をまとめた。GHQは④の部分は否定し、最終的に電力業界を監督する公益事業委員会は独立機関として設置されることになった。

こうして委員会での議論は最後の大逆転で安左エ門の意見が全面的に通る形になったが、それでもまだ困難は立ちはだかった。それは国会審議だ。政府は国会に上記4つの方針を反映した電気事業再編成法案と公益事業法案を提出するが、これに対する激しい反対が起きた。先述した通り与党と強いつながりを持ち電力料金の値上げを恐れる産業界は従来から日発維持という方針だったし、また、日発は巨大な労働組合「電産」を擁していたため野党側もこの「9電力案」に反対した。新聞などのメディアもほとんど9電力案に反対の姿勢を取り、この結果、上記2法案は1950年5月に廃案に追い込まれてしまう。

ここで普通ならば「万事休す」となるわけだが、安左エ門はここでもとんでもない粘り腰を見せる。安左エ門はGHQに働きかけて政府に「日発及び9配電会社の設備の新増設、増資、社債発行等は一切認めない」と通告させた。こうなると日発は身動きが取れなくなり、当然経営は行き詰まってしまう。もはや国会とGHQのチキンレースである。

この状況の打開策として吉田茂首相はGHQ最高司令官マッカーサーに、国会での審議が不要でGHQの独断で作ることのできる法律（これを「ポツダム政令」という）の制定を要請する。この根拠となっているのはポツダム宣言の受け入れにあたって出された緊急勅令である。こうして最後はGHQの権限と天皇の勅令という民主主義を超えた超法規的措置として、1950年11月24日に政府から「電気事業再編成令」と「公益事業令」が出され、問題は強権的に解決された。また安左エ門は新たに設定された公益事業委員会の委員にもなり、電力再編成に引き続き影響力を行使できる地位を獲得し、まさに大逆転の大勝利となった。「電力の鬼」安左エ門の誕生である。

こうして1951年5月1日、GHQと安左エ門の共同の成果として「9電力体制」がスタートした。このように9電力体制はその始まりから波乱含みのものだった。

「9電力体制」から「9電力+電発体制」へ

GHQと安左エ門の共同の成果として1951年にスタートした9電力体制であったが、必ずしもその船出は順調ではなかった。

元々電力不足が慢性化していた上に、1950年からの朝鮮戦争による特需で産業界は活況を呈し電力需要が増加した。電力各社は供給力確保に苦戦し、渇水の酷かった名古屋以西では使用制限をせざるを得なくなった。こうした状況を根本的に改善するには新たな発電所の開発が必要なことは明白だったが、他方で各社とも経営状況が悪く、この開発資金をどう捻出するかが9電力体制の最初の課題となった。

安左エ門はこの問題を、アメリカからの投資・援助と、電力料金の大幅値上げによる電力会社の経営改善によって解決しようとした。前者の外資導入に関しては当時日銀に君臨し「法王」と呼ばれていた一万田尚登総裁を説得し抱き込むことで道筋をつけたが、問題は後者であった。インフラである電力料金の値上げは国民世論の強烈な反発を受けるため、政治的に一筋縄ではいかない問題であった。

それでも安左エ門は電力の料金の認可権を持つ公益事業委員会の委員長代理として「各社首脳に経営上採算がとれるラインまでの値上げ案を持ってこい」と要請した。この結果最終的には電力料金は1951年から1954年にかけて3回の値上げが実行され平均67%も上がった。さすがにこれには世論の大反発があり、世間には「電力の鬼松永を退治せよ」との声が溢れる。こうした情勢を受け、政府内でもこの値上げ案は問題視されたが、安左エ門は「電力がなければ日本の復興はままならない」とこうした反対の声を押し退けた。国会に呼ばれた安左エ門は

「電力再編というのは、アメリカから9匹の乳牛を輸入したようなもの。この乳牛に適正な料金を払うということは餌を与えることだ。その飼料を十分に与えず、また3度のものを2度にするというのでは、長く国民を養ってくれる乳は取れない」

といかにも彼らしいユニークな比喩で場を説得し難局を乗り切った。結果としてみればこのような「日本の将来のために民意に沿わない決断ができる」ことが安左エ門の強みであった。このような安左エ門の姿勢は、今の電力不足の時代、政治が見習うべき点が多い

ように思う。

他方でこの頃になると安左エ門は別の政治的事態の対処にも取り組まなければならなかった。それはサンフランシスコ講和条約調印に伴う日本の独立回復である。こうなるとこれまでのようにGHQの後ろ盾によって政府の意向を跳ね除けるような力技はできないし、当然9電力体制に不満を持つ産業界や通産省が巻き返しを図ってくることが予測された。

実際1952年4月にアメリカによる日本の占領が終了すると早速通産省は巻き返しの動きを具体化し、8月には安左エ門が仕切っていた公益事業委員会を廃止してその機能を通産省に移管した。そして9月には新たに国策の発電－送電会社として電源開発株式会社（電発）を設立した。電発は大規模水力、火力発電の開発や、各エリア間で電気を融通するための連系線の開発などを行うこととされ、「大規模発電所の開発と電力の送配電網には国が関与すべき」という電力国家管理の思想を継承したものとも言えるが、戦前に比べればその機能はかなり限定された。実際に今でも東西をつなぐ周波数変換所や、九州と本州をつなぐ関門連系線、北海道と本州をつなぐ北本連系線、本州と四国をつなぐ本四連系線などは電源開発社が設備を保有しており、管理・電力の広域融通の面で大きな役割を果たしている。

安左エ門はこのような通産省の巻き返しへの対策として、9電力会社に資金を拠出させて1951年に「電力中央研究所」（電中研）を設立した。この電中研と1952年11月に労働組合対策として9電力が設立した電気事業連合会が、独立回復後の9電力体制を支える中核的な研究機関、政治機関となっていった。こうして通産省と9電力の政治的睨み合いの構図は制度面でも異常な状況を生み出した。

9電力体制の根拠となっていた電気事業再編成令も日本の独立に伴い期限が切れることになっており、その後の電力行政の監督の枠組みを定めた後継的な法律（電気事業法）を作る必要があった。しかしながら通産省と9電力は政治的合意に達せず、当面それ以前の状況を暫定的に延長する法律が定められることとなった。

独立後の電力業界のあり方を定めるはずの新たな電気事業法をどのような形でまとめるかという問題は先送りされ、しばらくの間は国による電力網管理を再度画策する通産省と9電力が、互いに必要な最小限の協力はしつつもそれぞれ独自の取り組みを行うようになる。こうして今に至るまで続く、通産省（現経済産業省）と9電力の電力政策をめぐる睨み合いの構図が確立し、以後の電力政策は両者の力関係によって大きく左右されることになっていく。安左エ門はこの時既に77歳を迎えていたが依然として意気軒昂であった。

通産省と9電力の大きな対立点は、電源構成においては、

- 通産省は水力を重視して「水主火従」を唱え、火力の燃料については国内でも採掘されていた石炭を中心に考えたのに対し、
- 9電力は逆に火力を重視して「火主水従」を唱え、火力の燃料については石油を中心に考える

という違いがあった。通産省は「水」「石炭」という日本独自の資源に注目し、他方で9電力は電力需要の伸びに追いつくために開発期間が短い火力発電を重視し、特に当時豊富で安かった石油の利用に着目した。独自資源を重視する通産省の姿勢には桃介の魂の残り火を感じる。

この両者の争いはまずは通産省の側に風が吹いた。1957年に火力発電の建設が遅れ、火主水従の波に乗り切れなかった北陸電力、東北電力が電源開発や電力融通のための資金確保を目的に18%程度の再度の値上げの申請を余儀なくされると、これを機に「電力料金の地域間格差をどう解消するか」という点について議論が深まり、再び電力再編成問題に

火がつく。この時自民党内では9電力をさらに北海道、東日本、中日本、西日本単位で再編成しようとする動きが本格化していたが、すんでのところで「9電力と電発が協力して電力の広域融通をはかり地域間格差を抑制する」という折衷案にまとまった。こうして通産省と9電力側は若干の歩み寄りを見せる。その後電発は迅速に佐久間、奥只見といった水源で大規模な水力発電所の開発に成功し、9エリアを超えて電力を融通する役割を果たしていくことになる。

そして次第に9電力会社による電力需要の伸びに対応した迅速な火力発電中心の開発と、電発を中心とした水力の大規模融通電源の開発が互いに補い合う形で、日本の電力の供給体制は安定していく。こうした両者の関係の改善を反映させた形で1965年7月には新たな電気事業法がまとまった。

こうして確立した新電気事業法下の9電力体制はうまく機能し、1961年から1973年の間で日本の電力需要は4倍にまで伸びたが、9電力は見事に大幅な値上げなくその供給を実現した。かくして「9電力体制＋電発」という体制はその実績を持って国民の支持を得ていくことになったが、そこに石油危機という大きな転機が訪れることになる。

理論1：初期の電力市場はどのように形成されるのか

ここまで我が国で電力産業が生まれ、9電力体制によって全国的に電力網が構築され安定供給に至るまでの流れを安左ヱ門と桃介の関係を中心に見てきたが、ここで一度俯瞰的に電力市場の形成というものがどのように進んできたのか整理してみたい。

まず現代の電力の送配電網というものがどのようにできているか見てみよう。

我々は日々家庭でコンセントに電気機器の電源プラグを差し込み、当たり前のように電気を利用しているが、コンセントの向こうには当然の如く電線があり、その電線は電柱につながっている。この電線は「低圧配電線路」と呼ばれ、100V／200Vの交流電流が流れている。なぜ電流が交流なのかというと、交流電力の方が電圧の変換が容易だからだ。直流電力の大規模な電圧変換に関しては2000年代に入るまで技術が確立していなかった。

電柱を眺めてみると、上の方にポリバケツに似た形状の容器が設置されていることに気づくと思う。これは「柱上変圧器」と呼ばれるもので、ここで交流電流の電圧が「高圧」と呼ばれる6600Vにまで引き上げられる。ここから先は「高圧配電線」になり、オフィスや工場はこの高圧レベルで直接電線を引き込んでいるのだが、この高圧配電線の先には「配電用変電所」がある。ここまでが需要家が中心になる「配電線」の世界だ。この変電所でさらに電圧が特別高圧と呼ばれる22000／66000Vにまで引き上げあげられるのだが、ここから先は主に発電所の領域で「送電線」と呼ばれる。この送電線と配電線とを合わせたものが送配電網ということになる。

ここまで家庭の側から遡って見てきたが、これを逆から見れば

大規模発電所→送電網→配電用変電所→高圧配電網→柱状変圧器→家庭

というような流れで家庭に電力が来ていることがわかる。日本に限らず世界中で電力ネットワークというのはこのような構成をしているのだが、その形成にあたっては同じような経緯を辿ることになる。

【第1段階：初期の発電】

電力業界のごく初期の段階（図表12）では発電が小規模で、発電会社が需要家に

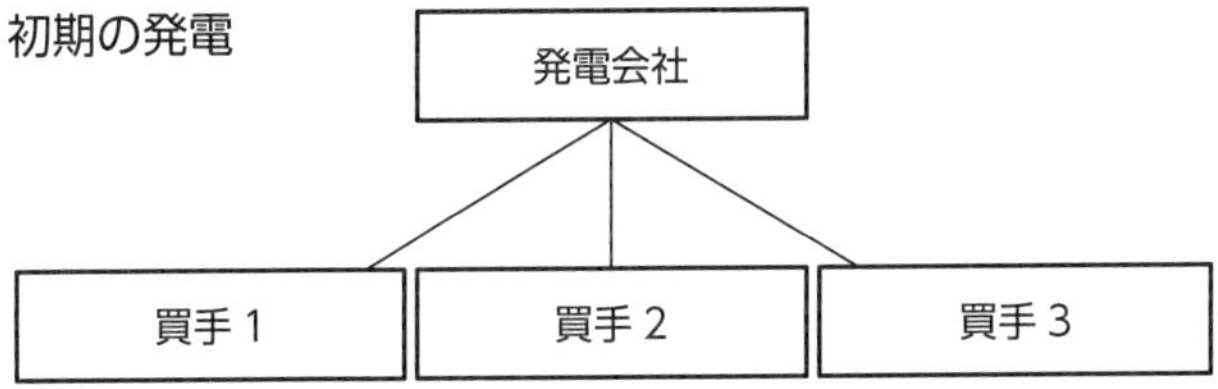

初期の発電

発電会社

買手1　買手2　買手3

図表12　初期の発電

直接低圧の電線を個別に引き込んでいくような形になる。この段階では、電圧を変換することなく電線が直接需要家の元に引き込まれるので、初めから直流で発電して、そのまま直流で電気を使うという直流電力が主流であった。日本だと1887年に南茅場町に日本最初の火力発電所である第二電燈局（25kW、210V）が設置され供給されたのがその始まりだ。これは安左ヱ門、桃介が電力業界に参入する以前の電力業界の姿である。

【第2段階：高圧送電線の建設】

しかし直流発電所で小規模に発電し需要家と1対1で電線をつなぐということを続けていく（図表13）と、電線の数が増えてコストが嵩み、そのうち非効率が目立ってくる。そこで電力網を交流化し、大規模発電所を建てて大電力－高電圧で発電し、送配電網を通じて一括送電し、変電所で電圧を下げて需要家の使う小電力－低圧の電流に変換するという動きが起きてくる。安左ヱ門と桃介が電力業界に参入し始めたの

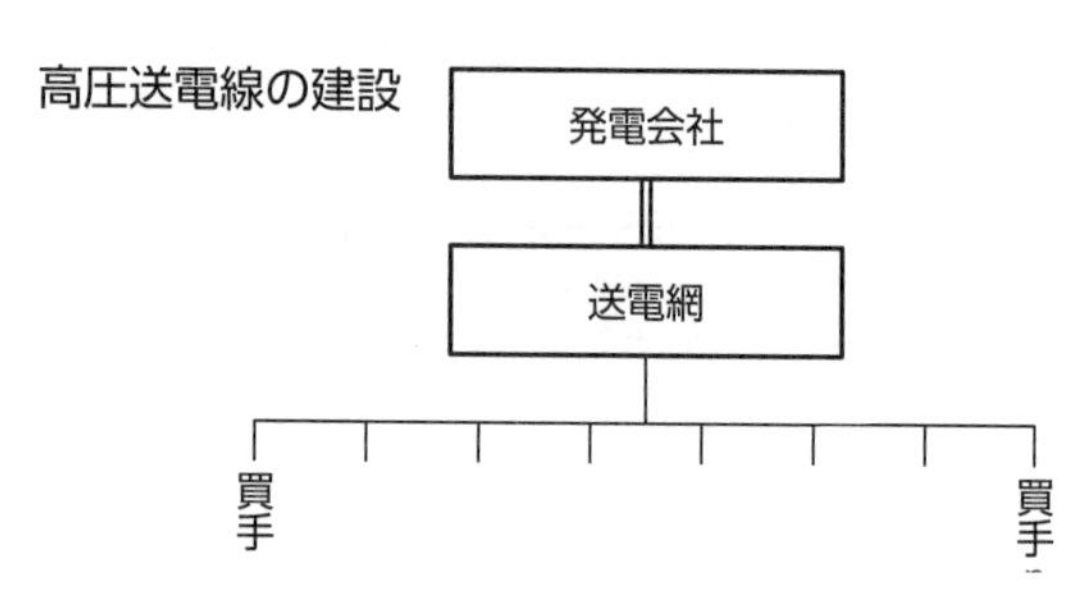

図表13　高圧送電線の建設

はこの段階で、彼らが１９０８年に作った広滝発電所は１０００ｋＷ／11ｋＶと当時としては九州最大規模のものであった。安左エ門と桃介はちょうどこの変化のタイミングで電力事業に参入し、一気に配電網を整備して北九州での市場シェアを握ったことになるが、まさに機を見るに敏であったと評価できるだろう。なお先ほど紹介した日本初の火力発電所である第二電燈局は１８９６年には配電網の交流化に伴いその役割をわずか９年で終えている。

【第3段階：送電網の解放と卸売発電会社の誕生】

交流の電力網ができてくると、一気に電力のユーザーが広がる土壌が整ってくる。ただこの段階になると需給調整が大きな課題となり、電力会社は電力の安定的な供給と発電能力の増強の両立に悩むようになる（図表14）。

この問題に対して安左エ門が出した答えが当時の言葉で言えば「水火併用」、今の言葉で言えば「エネルギーミックス」ということにな

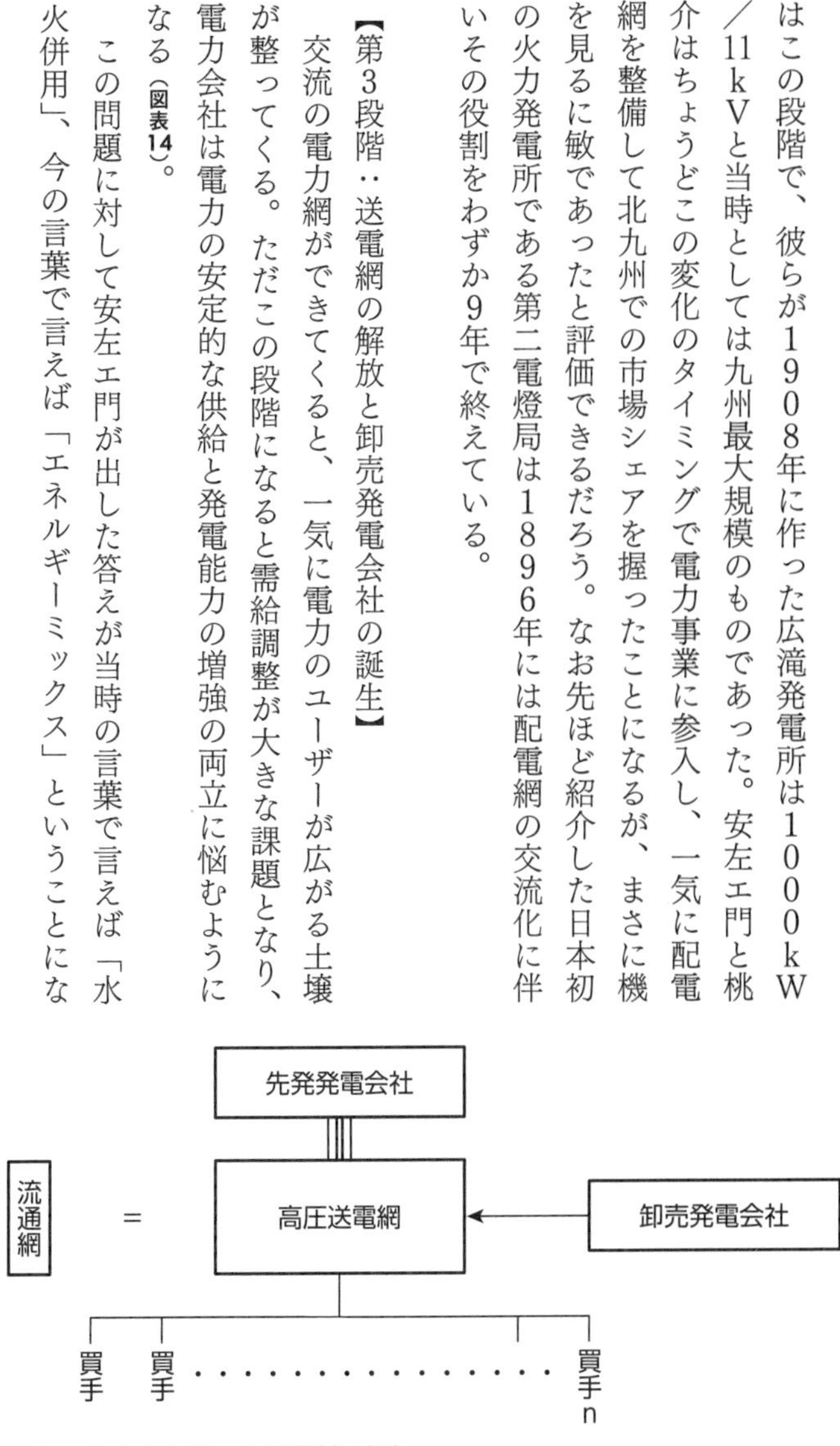

図表14　送電網の解放と卸売発電会社の誕生

る。水力発電は再生可能エネルギーの中では比較的安定した電源であるが、それでも自然条件に発電量が左右されてしまう。具体的には需要が増える冬に渇水して発電能力が下がるため、水力発電だけで電力を供給していると過剰設備になってしまい高コスト構造になる。この問題に対して、安左エ門は人為的に発電量をコントロールできる火力発電を水力発電と組み合わせることでカバーし、低コスト化と安定供給を実現した。

ただこうして上手に発電所を運用しても（当時は）基幹となっていた、いわば現在のベースロード電源に近い運用をされていた水力発電の規模が増強されない限りは、火力発電の運用にだんだんと無理が生じてくる。この辺は今起きていることと基本的には同じである。そこで桃介はあくまで水力発電の大規模発電にこだわった。桃介は政治力を駆使して1924年に木曽川の豊富な水源を利用した日本初の本格的な発電用の大規模ダムである大井ダムを完成させ、その下に大規模な水力発電所を次々と作っていく。その中で最大規模だった大井発電所は完成時点で出力42900kWと当時としては桁違いの大きさであった。またダムによって季節による発電能力の変動の問題も軽減された。大井ダムは「近代化産業遺産」に指定されており、桃介のこの事業はまさに偉業であったと評価してもよいだろう。

電気というのは技術的な条件さえ満たせば誰がどこで作ろうが差がない商品である。そのため、次の段階として大規模発電所を持つ卸売電力会社と発電所を作りたくない配電–小売会社との間でウィン–ウィンの協力関係が生じ、電力の売買契約が成立するようになる。配電–小売会社としては配電網の有効利用と発電所投資の負担が軽減するし、卸売会社にとっては発電所の開発に専念できるという意味で双方にメリットがある。

このように安左エ門と桃介は日本における初期の電力市場の発展を体現していたと見ることができる。戦後になると9電力会社が送配電会社として安左エ門の、電源開発が卸売電力会社として桃介の精神を受け継いでいく形になる。

理論2：電力は商品としてどのような特徴を持つか

1920年代から1940年代初めにかけては、電力戦–電力連盟を通じた業界統制–電力の国家管理、と激しい競争から急転直下国営化に向かった大きな変化の時代だった。この過程は電力という商品の特殊性と国家関与のあり方を考えるための貴重かつ実践的な材料と言える。

電力には商品として大きく5つの特徴がある。

1つ目は「貯蔵の困難性」である。これまで再三述べてきた通り、電力は基本的には「貯められない」エネルギーである。昨今は蓄電池の技術がだいぶ進歩したが、それでも高コストで、これを利用できる状況は非常に限定的である。したがって原則としては発電した電力は瞬時に消費しなければならず、これは電力の取引の大きな制約となっている。

2つ目は「低い価格弾力性」である。ここで「価格弾力性」という難しい言葉を使ったが、これは「価格が変わっても（短期的には）需要があまり変化しない」という意味である。電力は生活必需品の一種であるため、供給が乏しい地域でもたとえ高価格であっても必要な量は購入せざるを得ないし、一方で価格を安くしたからといって需要が急増するわけでもない。

3つ目は「流通制御の困難性」である。電力という商品は電力系統の送電網・配電網に乗って流通するのだが、言うまでもなくこの電力系統を作るには多額の費用が必要である。また、この流通経路は物理法則に従い需要と供給を常に一致させて、電力系統の電圧や周波数を安定させ続けなければ、系統全体がダウンして大規模な停電につながってしまうという技術的な困難性も抱えている。

4つ目は「（電力は）2次エネルギーである」という点だ。前述の通り2次エネルギーとは石炭や石油や天然ガスや原子力や水力といった自然から採取された「1次エネルギー」を加工・転換して得られたエネルギーを指す。このため電力産業と資源産業は表裏一体となり、昨今でいえば地球温暖化対策なども含め、どうしても国のエネルギー政策や安全保障政策との強い連携が不可欠になってくる。

5つ目は「開発に時間がかかる」ということである。大規模な発電所や送配電網の整備には10～20年単位の時間がかかるし、また原子力発電の開発となるとバックエンドの処理まで見据えて数万年単位で取り組まなければならなくなる。

こうした、

①貯蔵の困難性
②低い価格弾力性
③流通制御の困難性
④2次エネルギー
⑤開発に時間がかかる

という特徴を踏まえて、1920年代から1940年代前半に起きたことを振り返ってみたい。

1920年代は電力業界にとって追い風と向かい風がある時期だった。追い風は動力の蒸気から電力への転換という流れ、向かい風は第1次大戦の大戦景気の反動である戦後恐慌から関東大震災、さらには金融恐慌という景気低迷の流れだった。

こうした中で我が国の電力需要は1920年の51・13億kWhから1930年には157・73億kWhと3・08倍弱にまで大きく伸びたのだが、設備は137・8万kWから450万kWの3・26倍とそれ以上に伸びる。特に水力発電設備の伸びは82・5万kWから294・8万kWと3・57倍にまで伸び、その後も大規模開発が予定されていた。こうなると今度は電力業界全体として設備過剰となり、特に大規模水力発電開発を抱える卸売電力会社にとっては利益率低下が経営上の大きな問題となった。

電力は「貯められない商品」で、卸売電力会社は設備過剰でも設備を有休化させないために電力を売り続けざるを得ないため、小売電力会社に対して電力戦をしかけ、安値で直接大口契約者で電力を供給する道を選んだ。ただ電力は短期的には「価格弾力性」が低いため、価格を下げたところで需要が増えるわけではなく、両者の戦いは消耗戦となり、収益が悪化した業界は徐々に統制を望むようになっていった。

こうして業界内での不毛な競争を抑制するために作られたのがカルテル組織である電力連盟だった。連盟は競争を抑制することで電力戦を終わらせたが、これはその場しのぎに過ぎず、配電網の効率化につながらなかった。各会社がバラバラに大規模発電設備や送配電網を管理している限りは安定した電力の供給は望めないと考えた軍部や革新官僚は電力事業の国家管理を画策するようになる。実際この国営化によって配電網の整理統合や潮流の効率化、周波数の統合といった電力系統の効率化が果たされるが、他方で経営面における民間ならではの創意工夫がなくなり、経営は赤字に陥ってしまった。

また、早々に1次エネルギーたる石炭確保に失敗したことで、資源政策を仕切る商工省や陸海軍に取り込まれていくこととなった。このように戦前の電力戦から電力国家管理への過程は、日本という国が電力という商品の複雑性に振り回され、国策と民営の間を右往左往した歴史であった。

戦後の9電力体制はこうした戦前の反省を踏まえて、電力の商品性に伴う問題に一応の解決策を提示することに成功した。具体的には以下の通りである。

①「貯蔵の困難性」への対応
↓地域ごとに揚水発電所を開発し、ある程度のエネルギーを保存できるようにした。
②「低い価格弾力性」への対応
↓9電力に供給責任を負わせることで、需要を大きく上回る供給力を持たせた。
③「流通制御の困難性」への対応
↓発送配電小売経営を前提とすることで、需給情報と司令権限を一つの会社に集約して、需給調整しやすくした。
④「2次エネルギーである」ことへの対応
↓電力業界を所管する通産省に資源エネルギー政策を担当させ、1次エネルギー確保のための政策と電力政策を連動させた。
⑤「開発に時間がかかる」ことへの対応
↓9電力に地域独占を認めることで競争圧力を軽減し、長期的な開発計画を立てられるようにした。

とかく批判の対象になりがちな9電力体制だが、このように問題はあれど戦前の経験と知恵が反映され長らく機能した制度であったことは間違いない。もう9電力体制に後戻りすることはないだろうが、将来を考えるにあたっては9電力体制が果たしていたこのような役割のうち今何が上手くいっておらず、何が上手くいっているのか整理していく必要があるだろう。

理論3：9電力体制と「規模の経済」「範囲の経済」

戦後我が国に定着した「9電力体制」には4つの特徴があった。

1つ目は「民営」で、電力事業が民間事業として展開されたということである。これは今から見れば当たり前のようであるが、9電力体制以前の太平洋戦争前後の時期の電力事業は「民有国営」という形式が採られていたし、しばしば現代でも電力事業は国営化されることもあるので、必ずしも当たり前というわけでもない。2022年にもメキシコのロペス・オブラドール大統領が憲法を改正して電力事業の国有化を図ろうとしたが、結局は否決されている。

2つ目の特徴は「発送配電小売一貫経営」である。電力事業を細分化すると、発電－送配電－小売という三段階に分かれる。簡単に言えば電力を「作って（発電）」、「送って（送配電）」、「売る（小売）」、という役割である。9電力体制ではこの3つの機能を1つの会社で垂直統合的に一貫して提供することが前提とされていた。多少の例外や、1990年代半ば以降の段階的な規制緩和もあったが、東日本大震災までは日本の電力業界はこの「発送配電小売一貫経営」を前提としていた。

3つ目の特徴は「地域別9分割」である。これは日本全体を北海道、東北、東京、北陸、中部、関西、四国、中国、九州の9つの区域に分割して、それぞれの地域別に電力の供給体制を整備するという考え方である。今でも依然として送配電会社はこの9つの区域で分かれており、我々の肌感覚としてこの地域の区切りは馴染むところだろう。

4つ目の特徴は「独占」で、9つに分割された区域それぞれに独占して電力供給に責任を持つ会社が指定された。それがいわゆる「9電力」である。

このように9電力体制には、「①民営、②発送配電小売一貫経営、③地域別9分割、④独占」という4つの特徴があり、それに応じた規制が定められていた。第3章でテーマとする「電力自由化」は、簡単にいえばこうした9電力体制特有の規制のあり方を見直していこうとする一連の政策群のことを指す。

この戦後の9電力体制を振り返った時、石油危機までの30年弱はとりあえず成功と評価できるだろう。これは経済学的にもある程度正当化されていた。

　電力業界においては「規模の経済」と「範囲の経済」という特性が存在するため、適切な規制の下にあれば、画一された市場エリアでは独占状態の方が、競争状態にあるよりも効率的になりうるとされていたのだ。

「規模の経済」というのは水平的な事業規模の拡大に関する概念で、「生産量の増加に伴って、平均費用が低下し、収益性が向上すること。スケールメリット」（『デジタル大辞泉』）と説明される。電力業界に当てはめて簡単に言えば「大きな発電所を建てれば建てるほど発電効率が良くなって、電力の発電コストが安くなる」ということだ。

　一方の「範囲の経済」というのは垂直的な事業規模の拡大に関する概念で「複数の製品をそれぞれ別の企業が生産するよりも、同一の企業がまとめて生産した方が費用を節減できること」（デジタル大辞泉）と説明される。電力業界に当てはめて簡単にいえば「発電と送配電と小売を一つの企業で一貫生産した方がコストが安くなり、電力供給も安定する」ということになる。

　戦後石油危機までの間、日本の電力業界ではこの「規模の経済」と「範囲の経済」の両方が成立している状況（図表15：次ページ）であった。

「規模の経済」という点では、9電力会社は「安い石油を使って、大きな火力発電所で、安い電気を計画的に生産する」ということに取り組み、一方の電源開発は「特大の水力発電所を作り、ベースロードとなる安い電気を提供する」というところで、両者はお互いの足らざるを補っていた。「範囲の経済」という点では、地域独占と発送配電小売一貫経営を認めることで、一元的な需給管理を実現し、また、エネルギーミックスによる最適化の範囲を広げた。実際日本の電力供給体制は東日本大震災が起きるまでは主要国と比較して年間停電時間が飛び抜けて低いなど、少なくとも安定性や品質という意味では比較的機能していた。

1950年代から1970年代前半にかけては9電力体制の全盛期とも言える時期だったであろう。こうして有効に機能していた9電力体制が石油危機以後、徐々に正当性を失い、東日本大震災を機に崩壊するのだが、次章ではそのことについて見ていきたい。

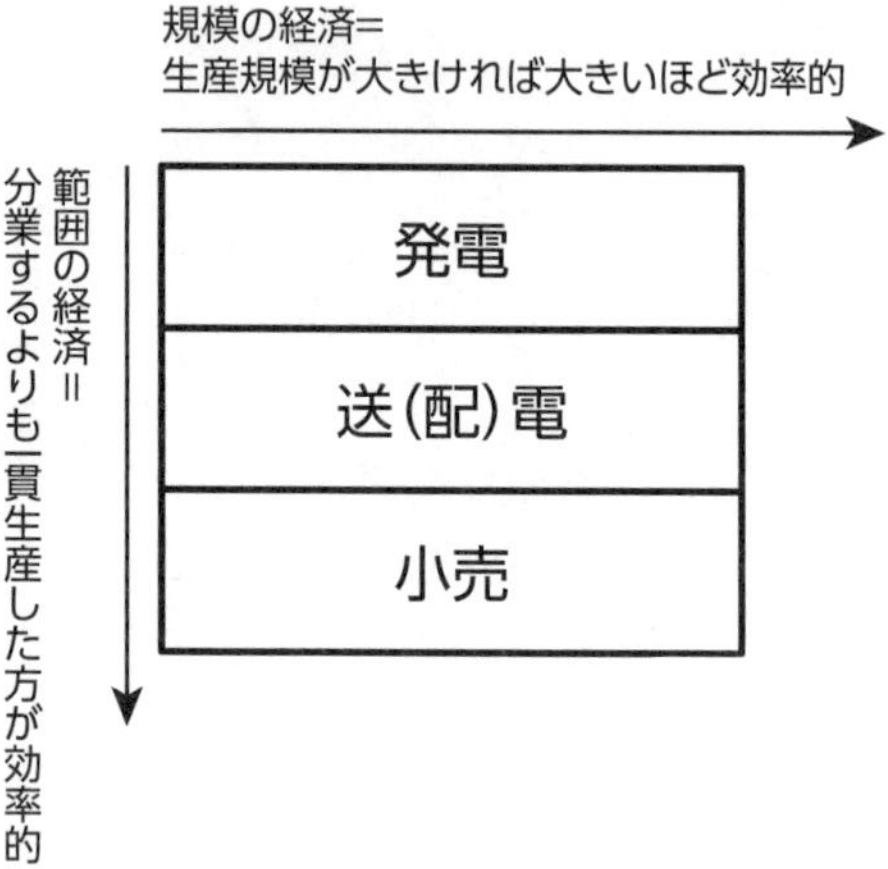

図表15　規模の経済と範囲の経済

第3章

電力自由化はなぜ上手くいっていないのか

9電力体制と原子力発電

第2章では日本で電力産業が勃興し、自由競争の下で徐々に配電網が広がり、大規模電源の開発で送電網が構築され、不毛な消耗戦を経て業界内でカルテルが結成され、国の監督の下で競争が抑制されるようになり、そのまま国家統制が強まり産業全体が国有化され、この国家管理体制が破綻して戦後垂直投合―地域独占―民営を軸とする9電力体制が誕生し、国のサポート―バックアップの下で全国的なネットワークを構築するまでの一連の流れを見てきた。

この章ではこうして成功を収めていた9電力体制が徐々に綻(ほころ)びを見せ、原子力発電推進に活路を見出して既得権益を維持しようとするものの徐々に電力の自由化が進み、最終的にはこの体制が崩れて送配電が分離され、現在に至るまでの流れを見ていきたい。

さて、第2章の終わりから少し時計の針を巻き戻す。先に述べた通り9電力と通産省の関係はあまり良くなかった。1952年の独立回復以降両者はしばらく緊張関係にあり、両者が妥協してようやく新電気事業法をまとめたのは1965年のことだった。この13年間で9電力と通産省、およびその傘下にある電発は徐々に補完―協調関係を築き、緊張の糸を解きほぐしていったわけだが、その背景には「原子力発電の導入」という巨大なミッションがあった。原子力発電という安全保障も関わる高度な技術をアメリカから導入するには、官だけでも民だけでも難しく、官民の協力が不可欠だったのだ。その流れを見ていこう。

我が国で初めて原子力発電の関連予算が計上されたのは1954年のことで、これはかの大勲位こと故中曽根康弘議員らが中心になって超党派で政府与党に働きかけて2億3500万円計上させたものである。1956年1月には政府内に規制機関として原子力委員会が設置され、初代委員長には読売新聞、日本テレビの社長で原子力発電の導入キャンペーンを主導してきた正力松太郎が就いた。

委員会は設立されるとすぐに民間の原子力推進の核となる機関の必要性を提唱し、1956年3月には原子力産業会議（現原子力産業協会）が設立され、初代会長には東電会長で電事連会長でもあった菅礼之助が就任した。こうして政府と9電力が協力して原発を推進していく体制が整えられていく。

とはいえすぐに一枚岩でまとまることは難しく、原子力発電の推進主体をめぐっては、9電力と電発、それに原子力研究のために新たに作られた日本原子力研究所（原研、現日本原子力研究開発機機構）の3者が主導権争いを始めた。この時自民党内では今をときめく河野太郎議員の祖父である河野一郎が電発側に、正力が9電力側につき対立したが、最終的に両者が妥協する形で「発電用原子炉受け入れのために官民が出資した新たな法人を設立する」というところで合意が得られた。この闘争により正力は政治的に失脚することになる。

そしてこの合意に基づき1957年11月に「日本原子力発電会社」が発足し、1960年1月からいよいよ茨城県東海村で日本最初の原子力発電所の建設工事が始まった。1961年6月には事故に備えて「原子力損害の賠償に関する法律」（原賠法）も成立している。原賠法の当初案は「事故時にはまず国が補償し、その費用を事後に事業者から保険的な枠組みで回収する」という方針が取られており、9電力も支持したが、大蔵省がこれに反発した。大蔵省は賠償額が青天井になることを恐れたのだ。そこで妥協案として「民間事業者が責任を負い、損害が限度を超えて大きい場合には国が必要な援助を行う」という形式にまとめられたのだが、この妥協が50年後の福島第一原発事故時に問題となってくる。

こうして政府と9電力が反目したり、協力したりしながらも1965年4月には東海発電所は試験段階に入り、同年7月には新電気事業法が施行され、１９６６年7月に東海発電所はいよいよ営業運転を開始する。このように原子力発電の実用化は緊張関係にあった通産省と9電力の関係を徐々に解きほぐし、新たな協力関係に導いた。しかしながら、この協力関係は妥協の産物で、整えられた制度は随所に欠陥があり、強固なようで実のところ脆さを内包していたことが50年後に明らかになる。

このように独立回復以後の日本の電気行政は9電力と通産省の対立からスタートしたが、電力システムの構築を進めていく上で協力関係が築かれ、新たな技術である原子力発電は「国策民営」を前提に官民協力して推進していく、という形でとにもかくにもまとまっていく。こうして整ってきた戦後の電力システムを見届けるように「電力の鬼」と呼ばれた松永安左エ門は１９７１年6月16日慶應病院にて永眠した。享年95歳であった。

石油危機と9電力体制の綻び

松永安左エ門という守護神ともいえる存在を失った電力業界を、１９７３年から１９８０年にかけて未曾有の危機が襲う。石油危機である。中東原油の価格は１９７３年１月に2・5ドル／１バレルであったものが、１９８０年7月には31・96ドル／１バレルとわずか

7年で実に12倍強までに高騰した。これだけの高騰を現場の努力で吸収できるはずもなく、石油危機はこれまでの9電力の「安い石油を大規模火力発電所で効率的に利用して、安い電力を供給する」という戦略の根幹を覆すことになった（図表16）。

この問題に電力業界は2つの方針転換で対処した。1つは液化天然ガス（LNG）の利用である。LNGを火力発電に利用するというアイデアは当初コスト面からも技術面からも馬鹿げたものと見られたが、東京電力の木川田一隆社長は公害の元となる窒素酸化物（NO_x）CO_2を排出しないLNGの利用を環境面から重視し、1970年に世界で初めてのLNG火力発電所を南横浜に完成させていた。結果的にこの判断が経済面でも活き、以後LNG火力は火力発電の主力になっていく。もう1つの策は、公害が多くエネルギー効率が低いためこれまで軽視していた石炭火力

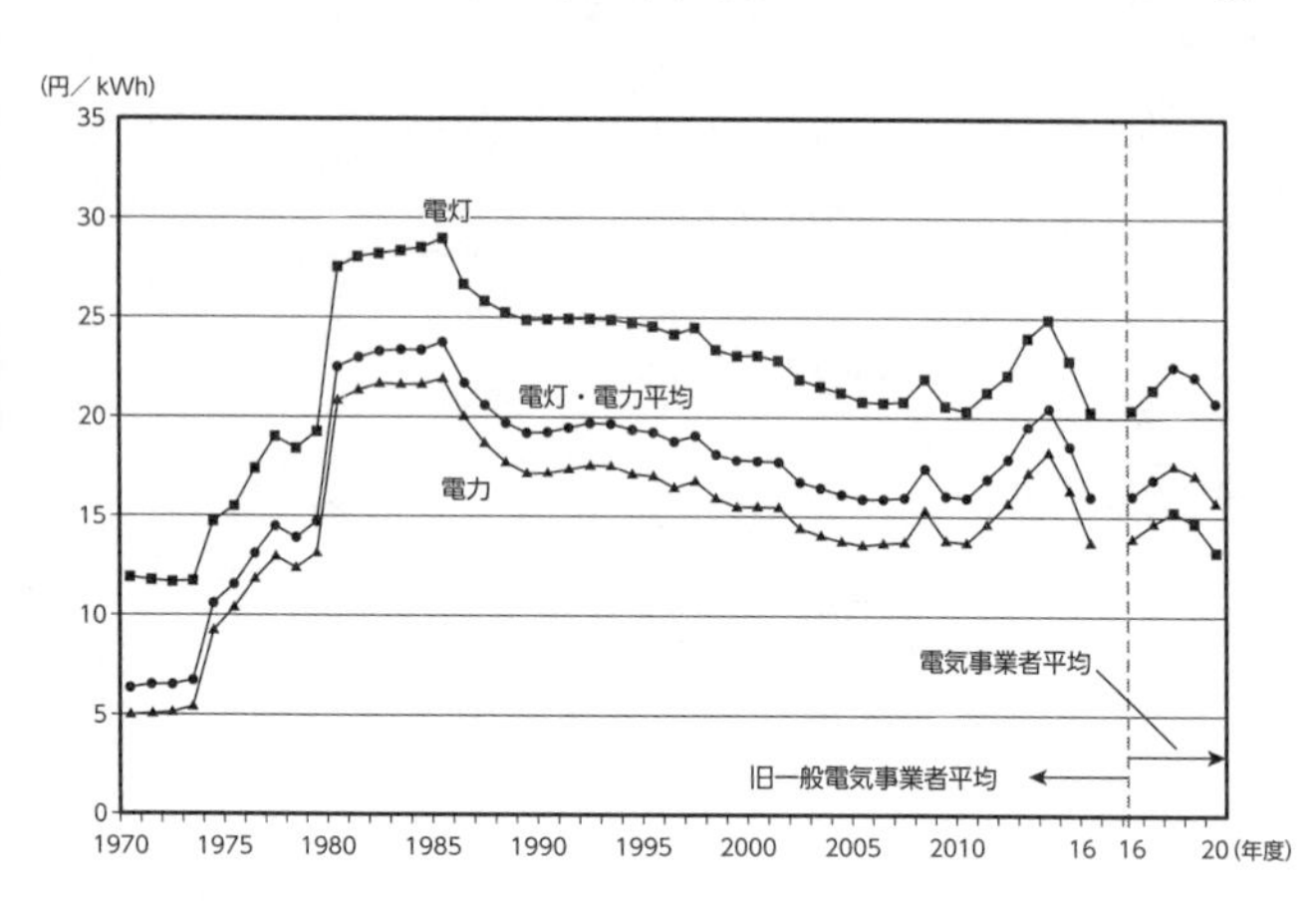

図表16　電気料金の推移
（エネルギー白書2022より）

発電所の見直しである。9電力は石油危機以降、石炭火力の高効率化や低公害化のための研究、投資を活発化させた。

こうした対応は一定の効果を上げたが、高コスト化した石油火力発電所を運営しながらの新規火力発電所の建設という判断は9電力の財務に重くのしかかり、日本の電力料金は1970年代を通じて一気に跳ね上がった。特に産業向けの電力料金は5円／kWhから20円／kWh超と4倍にまで跳ね上がり、経済界、国民の不満は大きく高まった。

この行き詰まった状況の打開策として9電力および政府は、安くて外国の資源事情に左右されず、なおかつ公害が少ない発電として、原子力発電の建設を本格的に重視するようになる。

他方で原発の建設には、その事故リスクから地元の反発が強く、一民間企業だけでは政治的な説得が困難なため、自民党と通産省と電力会社は原発政策を通じて徐々に一体となっていった。その象徴がいわゆる「電源三法」で、原子力発電の立地自治体に見返りとして多大な補助を与える制度である。この制度はかの田中角栄が中心となって取りまとめられ、彼の地元である新潟県柏崎市には世界最大の原発である柏崎刈羽原発が建設されることになった。こうした制度整備により、1970年代後半から1990年代にかけて9電力は各地で自前の原子力発電所の開発に成功する。この結果一度上がった電力料金は1980年代半ばごろから引き下げられていく。

このように1970年代前半には「豊富で低廉な電力の供給」を実現させ、成功体験を味わっていた9電力体制であったが、石油危機後にはこの「低廉」の部分が失われ苦しむことになった。これは制度面にも波及しかねない問題であった。

前章でも述べたように9電力による地域独占体制というのは「規模の経済」及び「範囲の経済」という理論によって正当化されていた。

重要な概念なので繰り返しておくが、「規模の経済」というのは水平的な事業規模の拡大に関する概念で、「生産量の増加に伴って、平均費用が低下し、収益性が向上すること。スケールメリット」と説明される。電力業界に当てはめて簡単に言えば「大きな発電所を建てれば建てるほど発電効率が良くなって、電力の発電コストが安くなる」ということである。一方の「範囲の経済」というのは垂直的な事業規模の拡大に関する概念で「複数の製品をそれぞれ別の企業が生産するよりも、同一の企業がまとめて生産した方が費用を節減できること」と説明される。電力業界に当てはめて簡単に言えば「発電と送配電と小売を一つの企業で一貫生産した方がコストが安くなり、電力供給も安定する」ということである。

この2つの理論的支柱のうち、前者の「規模の経済」は石油危機によって石油価格が高騰したことでほぼ失われた。なにしろ既存の大型石油火力発電所を利用するより、中小型の石炭発電所を新規で作る方が低コストなのである。そうなると9電力を支える理論的支柱は残る「範囲の経済」だけになってしまう。これだけでは既得権益化した9電力体制を守るには心許ない。なぜなら「規模の経済はもうないのだから、少なくとも発電部門は自由化せよ」という圧力が強くなるからだ。発電部門の自由化が進めば、そこから他の部門へ自由化の議論が波及する。そこで9電力は。この失われた「規模の経済」を取り戻すための経営上の判断として、原子力発電の推進という道を選んだのである。

こうした原子力発電の推進は徐々に実を結び、80年代後半には電力料金は再び下げに転じるようになった。ただ1990年代の前半から「高い電力料金」を引き下げるもう一つの選択肢が浮上してきた。それが「電力自由化による、発電部門への新プレイヤーの参入呼び込み」だった。1980年代までは国際的にも電力事業の地域独占は当たり前のことだったが、1990年代前半にイギリスが電力自由化に成功して状況が変わってきたのだ。

電力自由化による9電力のコスト意識の高まりと石炭回帰

電力自由化の議論が本格化したのは1990年代に入ってからだった。

ここで「電力自由化」という言葉の意味をはっきりさせておこう。前述の通り9電力体制には、「①民営、②発送配電小売一貫経営、③地域別9分割、④独占」という4つの特徴があった。「電力自由化」とは簡単にいえば、こうした9電力体制特有の規制のあり方を見直そうとする一連の政策群を指す。

1990年代初めはちょうどバブル経済が終わり、我が国の企業の収益性が落ち始めた頃で、政治の世界でもなにかと「改革」という言葉が叫ばれ始めた時代である。経産省や電力業界においても「何かを変えなければ」という雰囲気があり、電力自由化はそのお誂え向きのテーマだった。

我が国における電力自由化の流れは大きく、

- 1995年から東日本大震災前までの、9電力体制の中での段階的な規制緩和を目指す「規制緩和期」
- 東日本大震災以降の、9電力体制そのもののあり方を見直す「電力システム改革期」

の2つに分かれる。前者は9電力体制を前提としつつも一部の事業に段階的に新プレイヤーの参入を認めるという時期で、後者はそもそもの9電力体制の否定である。

当初の電力自由化は新電力に低コストな発電所の建設を促し、新設された発電所から9電力が所有／管理する送配電網を通じた大口需要家への電力供給を可能にすることから始まった。その後、さらに送配電部門の中立化を進め、新電力の電力調達先を多様化するために卸売市場を整備するといった形で、新電力が参入しやすい環境が整備されていった。

具体的には以下のような形だ。

- 第1次改革（1995年）では発電事業者の参入を自由化するとともに、9電力の電源調達に入札制度が導入された。これにより「独立系発電事業者（IPP）」と呼ばれる非9電力系の発電事業者が誕生した。
- 第2次改革（1999年）では超大口の特別高圧需要家を対象に小売の新規参入が認められた。これにより大規模工場やデパートやオフィスなどを対象に電力を小売する事業への外部からの参入が可能となった。

- 第3次改革（2003年）では小売の規制緩和が拡大し、高圧需要家を対象に小売の新規参入が認められた。具体的には500kW以上、50kW以上の市場への参入が段階的に認められるようになった。また、送配電部門の中立化を促進する行為規制が設けられ、卸電力取引市場（JEPX）が整備されて電力の市場取引が可能となった。
- 第4次改革（2008年）は小幅な見直しにとどまり、JEPX活性化のために実需給の1時間前まで取引可能な時間前市場の導入や、新電力会社（新電力）の参入の壁となっているインバランス料金の見直しなどが行われた。

このようにこの時期の電力自由化は9電力体制の「①民営、②発送配電小売一貫経営、③地域別9分割、④独占」という特徴の①〜③を前提に、④の独占を段階的に緩和するアプローチで進められてきた。あくまで9電力体制を軸としながらも、独立資本に新規参入を促すような形で着実に少しずつ電力自由化を進めていった形だ。こうしたアプローチは確実に成果を上げ、電力自由化当初は、丸紅や三菱商事といった商社系の新電力が参入し、10万kW級の中小型の石炭火力発電所を積極的に建設して大口需要家に安値攻勢を仕掛けた。こうした動きに対抗する形で9電力会社も石炭回帰を進め、さらなる安値攻勢で迎え撃った。

この結果、国際的に見て明らかに高かった我が国の電力料金は徐々に下がっていった。1995年には日本の産業用電力料金は18・0円/kWhと、アメリカ(4・7円/kWh)、イギリス(6・8円/kWh)、フランス(6・0円/kWh)、ドイツ(10・0円/kWh)、イタリア(9・3円/kWh)と圧倒的に高かった。それが、2008年時点では日本の13・9円/kWhに対して、アメリカ(6・8円/kWh)、イギリス(14・6円/kWh)、フランス(10・6円/kWh)、ドイツ(12・9円/kWh)、イタリア(21・2円/kWh)と大幅な改善を見せている。また電力供給の安定性という面でも諸外国に比して日本の停電時間は格段に短く、総じて見ればこの時期の電力自由化は政策として「成功」していたと言ってもいいだろう。

私が経済産業省に入省したのは2005年のことだが、確か2007年ごろに課長補佐級で局を跨いで政策を議論する会議(当時は「政策調整官補佐会議」といった)に陪席した際に資源エネルギー庁の担当者が「紆余曲折あったが、我が国は電力自由化を上手く進められた」と自信を持ってプレゼンしていたことを思い出す。

こうした電力自由化の効果はデータからも見て取れる。

このグラフは我が国の電源別の発電量の割合の推移を示したものだ。2010年以前はやや統計に未整備な面があったのだが、

1995年の総発電量は8557億kWhで、
原子力：34％、石油：19％、石炭：14％、LNG：22％、水力：10％、その他：1％

という構成だったのが、

2005年の総発電量は9889億kWhで
原子力：31％、石油：11％、石炭：26％、LNG：24％、水力：8％、その他：1％

に変化している。

全体として見れば高コストな石油火力発電所を廃止し、低コストな石炭火力発電所の稼働を進め、原子力発電所の稼働を安定させてコスト改善に成功し、電力需要も伸びたと評価できよう。9電力は大型の石炭火力の低公害化や高効率化の技術を開発・投資し、新電

力は中古型の石炭火力発電所の建設を進めた形だ。そういう意味ではこの時期は「石炭ルネサンス」とでもいうべき時期だった。

このように発電部門では一定の存在感を発揮していた新電力だが、小売市場においてはシェアが低いままで、依然として9電力のシェアは95%弱あり、その地位は盤石だった。それでも電力自由化が大きな変化をもたらしたのは、電力自由化による新規参入勢の圧力が多分にあったからであろう。

まとめると1990年代以降の電力自由化は、9電力の発電部門にコスト意識を持たせることにつながり、我が国に電力料金の低下と発電部門の石炭回帰という現象をもたらすことになった。

地球温暖化対策と原子力立国

1990年代後半から2000年代にかけての電力自由化政策は、9電力会社のコスト意識を高め、結果として石炭回帰をもたらした。これにより安定供給を保ったまま日本の電力料金は下がり、発電部門から進めた電力自由化は少なくとも表面上は成功した。しかしながら2000年代後半に入ると我が国として対処しなければならない大きな問題が浮上してきた。

それが「地球温暖化対策」である。

地球温暖化の懸念は1980年代から科学者の間で少しずつ広まり、1992年にはブラジルのリオデジャネイロで開催された国連環境開発会議で国連気候変動枠組条約が採択され、国際的な政治問題に浮上した。そして1997年に京都で開かれた気候変動枠組条約第3回締約国会議（COP3）で締結されたのが「京都議定書」である。

京都議定書は先進国に対して、2008年から2012年にかけての5年間で一定の温室効果ガスの排出削減義務を課すもので、具体的にはEU、米国、日本に対して、それぞれ1990年比で8%、7%、6%の排出削減義務を課した。他にもカナダ、ロシア、豪州らもこの枠組みに加わったが、米国はのちにこの枠組みから抜けることになり、また、欧州ら日本以外の国は特段努力せずとも達成できる低い排出目標水準であったため、京都議定書は日本に対してのみ削減困難な目標が課される非常に不公平な条約であった。2000〜2002年にかけてこの議定書の発効に向けた交渉を担当していた有馬純氏は京都議定書について「日本の外交的敗北」と評している。

とはいえ「京都」という冠までつけて結んでしまった条約を日本として尊重しないわけ

にはいかず、結果、温室効果ガスの排出量の多い石炭火力の増加にこれ以上頼れなくなってきた。そして2000年代後半に入ると、我が国として温室効果ガスの削減に向けた政策パッケージを国内外に示すことが迫られた。このような背景で打ち出されたのが、2005年に閣議決定された「原子力政策大綱」であり、それを受けて経産省が策定した2006年の「原子力立国計画」であった。

やや長くなるが「原子力政策大綱」の内容を引用すると以下のように記載されている。

「我が国において各種エネルギー源の特性を踏まえたエネルギー供給のベストミックスを追求していくなかで、原子力発電がエネルギー安定供給及び地球温暖化対策に引き続き有意に貢献していくことを期待するためには、2030年以後も総発電電力量の30〜40%程度という現在の水準程度か、それ以上の供給割合を原子力発電が担うことを目指すことが適切である。そして、このことを目指すためには、今後の原子力発電の推進に当たって、以下を指針とすることが適切である。

①既設の原子力発電施設を安全の確保を前提に最大限活用するとともに、立地地域をはじめとする国民の理解を大前提に新規の発電所の立地に着実に取り組む。

②２０３０年前後から始まると見込まれる既設の原子力発電施設の代替に際しては、炉型としては現行の軽水炉を改良したものを採用する。原子炉の出力規模はスケールメリットを享受する観点から大型軽水炉を中心とする。ただし、各電気事業者の需要規模・需要動向や経済性等によっては標準化された中型軽水炉も選択肢となり得ることに留意する。

③高速増殖炉については、軽水炉核燃料サイクル事業の進捗や「高速増殖炉サイクルの実用化戦略調査研究」、「もんじゅ」等の成果に基づいた実用化への取組を踏まえつつ、ウラン需給の動向等を勘案し、経済性等の諸条件が整うことを前提に、２０５０年ごろから商業ベースでの導入を目指す。なお、導入条件が整う時期が前後することも予想されるが、これが整うのが遅れる場合には、これが整うまで改良型軽水炉の導入を継続する」

まとめると、地球温暖化対策と安定的なエネルギー供給を実現するために２０３０年までに原子力発電の供給割合を30～40％程度とすることを目指し、そのために、

①新規発電所の立地に取り組み、
②2030年以降はスケールメリットを活かすために大型軽水炉の建設を進め、
③使用済み核燃料処理を進めるために2050年までに高速増殖炉サイクルを実現する

というものである。経済産業省の「原子力立国計画」になると記載はより具体的になり、原子力の新規建設計画として13基、1723万kWを列挙し、原子力発電の供給割合の目標を35%～41%程度とした。

このころには電力自由化もかなり進み、火力・水力発電において、規模の経済という文脈では電力事業の独占体制は政治的に肯定できなくなっていた。2003年には経産省はかつて同省と一体だった虎の子の電源開発社も民営化している。そのため9電力事業者は国と一体になって、地球温暖化対策という錦の御旗を掲げながら、新電力では到底運営できない「究極の規模の経済」の実現を図る原子力発電立国に向けて歩み始めようとしていた。

その矢先に起きたのが、2011年3月11日の東日本大震災であった。

核燃料サイクルと電力自由化の政治力学

2011年3月11日に起きた東日本大震災および、それに伴う津波によって生じた福島第一原発事故は多くの日本人にとって忘れがたいものになった。私は当時経産省からNEDO（新エネルギー・産業技術総合開発機構）という組織に出向しており、直接的には霞ヶ関で政策に携わる立場ではなかったのだが、節電のため電気を消して真っ暗にした部屋の中で「自分はこれから何をすべきなのか」と考え込んでいたことを思い出す。色々悩んだ結果、翌年の2012年に経産省を退職する道を選び今に至るので、私自身の人生においてもまた、福島第一原発事故は大きな出来事であった。

あの事故が日本社会にとって、また、日本人一人一人にとって大きな意味を持つ歴史的な事件であったことは今更言うまでもないし、あそこで何が起きていたのか、また、何をすべきだったのか、という点については今なお議論が続いており、ここで語るにはとてもスペースが足りない。それでも、ここでは電力自由化という文脈に限って、福島第一原発事故の持った政治的な意味合いについて考えてみたい。

結論から言えば福島第一原発事故は、

- いわゆる「原子力立国」路線の挫折
- 9電力体制の終焉、電力全面自由化
- 再生可能エネルギーの急速な導入促進

という結果をもたらすことになった。

しかしながらこうした政策転換は福島第一原発事故の結果直ちに起きたわけではなく、それ以前から長らく争われてきた自民党、9電力、経済産業省、さらには財務省や科学技術庁といった省庁、電機業界をも巻き込んだ電力自由化をめぐる激しい政治闘争に思わぬ形で決着がついた、と理解されるべきである。

時計の針を少し巻き戻すことにしよう。

2002年7月、経済産業省のトップである経済産業事務次官に村田成二が就任した。村田は通産省時代から度々電力部門の要職を務めてきた、いわゆる「電力自由化派」の筆頭だった。村田の持論は電力会社の発電部門と送配電部門を切り離す、いわゆる「発送電分離」と、原子力発電における「核燃料サイクルの見直し」であったと言われる。本人は表舞台で話すことがないのでその真意は不明であるが、少なくとも村田が事務次官時代に進めようとした政策はかなり急進的なものだった。

村田が事務次官に就任すると、当時経産省傘下にあった原子力安全・保安院（保安院）はいわゆる「東電不正データ問題」の追及を始めた。

この問題は2000年7月にGEの子会社GEI（ゼネラル・エレクトリック・インターナショナル社）の技術者が、福島第一原発1号機の検査の作業報告書に虚偽があると、経産省傘下の資源エネルギー庁（エネ庁）に告発したことから始まる。しばらくエネ庁はこの問題に関して積極的な動きを見せることはなかったが、2002年になると新たに発足した保安院がこの問題を引き継ぎ、厳しい態度を見せるようになる。保安院はGEI社の協力を得つつ、東電に事実関係の調査を強く求めた。その態度は「まるで検察官のようだった」と言われるほど厳しかった。

調査の結果2002年8月には、内部告発があった案件以外にも炉心シュラウドのひび割れなど、不適切な取り扱いがあったとされた事案が29件見つかり、また検査結果記録の修正・改竄（かいざん）事例が16件発覚した。

当然これは世間の批判の対象となり、8月30日、当時の平沼赳夫経済産業大臣は東電に対して「原子力への国民の信頼を損なった。言語道断。自浄作用を強く求める」と発言し責任を追及した。この結果3日後には東電は荒木浩会長と南直哉社長の辞任を発表するまで追い詰められる。

東電に対する政治的優位を得て政策推進に向けた地均し（なら）をした村田率いる経産省は、電力分野で「発送電分離」と「石炭税の導入」という大型の政策を打ち出す。しかしながらこうした村田の思惑は2002年11月19日の自民党経済産業部会で覆される。一部自民党議員が事前の根回し時から態度を変え、「党に相談もなく経産省が結論を出そうとしている」と石炭税の導入の反対に回ったのである。自民党の了承を得るための時間が限られていた村田はここで、発送電分離を諦めて石炭税の導入に政策を絞る、という苦渋の決断をする。すると翌日再度開催された経済産業部会では前日の荒れ具合が嘘のようにほとんど反対もなくあっさりと石炭課税案は了承された。東電は死んだふりをしていただけで、裏で政治工作を進め、肉を斬らせて骨を断ったのである。

しかしながら経産省と東電の政治的闘争はこれでは終わらなかった。次の舞台となったのは「核燃料サイクル問題」だ。核燃料サイクルとは、一言で言えば「原子力発電に使う燃料のリサイクル」である。やや専門用語が多くなるが2022年現在では、

- 原子力発電で使い終えた燃料（使用済燃料）から再利用可能なプルトニウムを取り出して（再処理）、
- ウランと混ぜ合わせることで「ＭＯＸ燃料」に加工し、
- もう一度原子力発電に利用する

という「軽水炉サイクル／プルサーマル」が進められている。国内ではこの使用済み核燃料の再処理工場は青森県の六ヶ所村にあるのだが、現在稼働を停止しており、もっぱらフランスに頼っている状況にある。元々はこの再処理で取り出したプルトニウムをそのまま主燃料として使う「高速炉サイクル」という新方式の原子力発電の２０５０年までの実現を目指していたのだが、こちらは高速炉開発のための研究用原子炉「もんじゅ」の廃炉が決まるなど開発がうまく進んでおらず、将来の目標という位置付けになっている。

言ってみれば２０２２年現在では核燃料サイクルは大きな壁にぶつかって停滞しているのだが、このことは当時から予想されていた。２００３年は、２００６年に予定されていた六ヶ所村再処理工場の試運転（アクティブ試験）を目前にしており、核燃料サイクルという巨大なシステムが動き出すのを止める最後のチャンスであった。

経産省は2003年から2004年にかけて審議会で核燃料サイクルの費用対効果を分析していたが、この論議の最中、「19兆円の請求書」と題した怪文書がメディアや永田町で飛び交い始める。これはいわばエネ庁の若手官僚の反乱で、同文書では核燃料サイクルについて、

- 高速炉サイクルは挫折、プルサーマルは停滞
- 非経済的で『やめられない、止まらない』政治的な利権と化している
- 諸外国は核燃料サイクルを放棄し、直接処分するワンススルー方式へと移行

と糾弾し、議論のやり直しを要求した。

この動きは自民党に波及し、2004年4月21日の自民党の石油資源・エネルギー調査会では冒頭に河野太郎議員が、

「六ヶ所村の再処理工場が稼働するともう後戻りできない。再処理とワンススルーの選択肢があるが、どちらが経済的で国民にとって利益になるか考えてほしい」

「高速炉の実用化に目処がついていない段階で再処理を行う必要はない」

と発言した。これに対して電力業界と近い甘利明議員や青森県選出の津島雄二議員が、

「ワンススルーと再処理はコストだけで決まるわけではない」
「ワンススルーにするにしても、立地などで計り知れないコストが必要になる」

と反論するなど議論は紛糾した。こうしてこの問題は自民党内での政局になりかけたが、4月26日には中川昭一経産大臣と三村申吾青森県知事が会談して、改めて核燃料サイクル政策を堅持することを確認したことで、事態は一応沈静化する。

このような問題が起きた背景には、従来から村田が核燃料サイクルの推進に疑問を覚えており、若手官僚らと共に中川経産大臣に六ヶ所村の再処理事業見直しを働きかけたところ、中川大臣が耳をかさずに頓挫したという事情がある。それでも納得がいかなかった跳ねっ返りの若手官僚が自民党や世論に直接働きかけて巻き返しを図ったのがこの「19兆円の請求書」事件の真相だ。結局村田は2004年6月に事務次官を退官することになりこ

の問題はうやむやになったが、省内では犯人探しが始まり首謀者の伊原智人らは翌年経産省を退職せざるを得なくなった。言ってみれば、経産省村田派と東電を筆頭とする9電力の争いは、概ね9電力側の勝利に終わったわけだ。

以後経産省は9電力と共に「原子力立国」に舵を切ったのは既述の通りだが、このことは人事にも反映され、村田派と目された官僚はしばらく事務次官に就任できなかった。また政治家側の人事でも、2006年9月には甘利明議員が経済産業大臣に就任し、2008年8月までの任期で原子力輸出政策の大枠を固めた。

こうして2005年以降しばらく村田派とされた官僚たちは冷や飯を食わされることになったのだが、福島第一原発事故後はこうした状況を一転させ、以後は彼らが発送電分離を中心とした「電力システム改革」を進めることになった。

諸行は無常である。

日本の原子力政策の将来を左右する下北半島

もう少し原発の話を続ける。

日本の原発の将来を考えるにあたって、下北半島の存在は欠かせない。下北半島には前述の六ヶ所村の核燃料サイクル関係施設のほかにも多数の原子力発電所が集積している。

このように下北半島の原子力発電所のほとんどは建設中もしくは計画中で、その規模もかなり大きい。下北半島は福井県若狭湾、新潟県柏崎市および刈羽村、かつての福島県浜通りに続くいわゆる「原発銀座」として整備されていくことが予定されていた。2030年までの10年スパンで見た場合、仮に我が国で今後原発が新設されるようなことがあるとしたら、おそらく下北半島最大の候補となるであろう。建設中のものが276・8万kW、計画中のものが277万kW、総計553・8万kWという巨大なベースロード電源の供給力の積み増しがあれば、東日本の電力不足も相当軽減される。

なぜこれだけ下北半島に原子力施設の計画が集中することになったのかというと、そこには長い経緯がある。下北半島全体

施設		所有企業	現状	規模	場所	備考
大間原子力発電所		電源開発	建設中	138.3万kW	青森県下北郡大間町	ABWR方式 フルMOX方式
東通原子力発電所	1号機	東北電力	停止中	110万kW	青森県下北郡東通村	BWR方式
	2号機	東北電力	計画中	138.5万kW	同上	ABWR方式 運開時期未定
	1号機	東京電力	建設中	138.5万kW	同上	ABWR方式 運開時期未定
	2号機	東京電力	計画中	138.5万kW	同上	ABWR方式 運開時期未定

図表17　下北半島の原子力発電所

を原子力基地化しようという構想がはじめて公に示されたのは1982年1月6日付の東奥日報であった。

そこからしばらく間があいて、1983年12月、当時中曽根首相が衆院選の遊説の一環で青森市で記者会見し、

「下北半島は日本有数の原子力基地にしたらいい。原子力船母港、原発、電源開発ATR（新型転換炉：後に開発中止）、と新しい型の原子炉を作る有力な基地になる。下北を日本の原発のメッカにしたら、地元の開発にもなると思う」

と発言した。1984年には早速「原子力船むつ」の新母港として関根浜港の開発も始まり、7月に電事連が核燃料サイクル施設の立地の正式要請を行い、1985年4月に青森県および六ヶ所村が受け入れを正式決定する。他方で86年にチェルノブイリ原発事故があったこともあり、その反動として核燃料サイクル反対運動も活発化し始める。これ以降しばらくの間青森県政は推進派と反対派の争いが激しくなる。

推進派は88年にはウラン濃縮工場、90年には低レベル放射性廃棄物埋設センターの着工

を開始させて具体的な手続きを着々と進めていたが、政治的には反核燃派が勢いづいており、89年には参院選で無所属候補である三上隆雄氏が自民党現職の松尾官平氏を打ち破る。しかし核燃推進派の巻き返しもあって、91年の青森県知事選では推進派の北村正哉氏が4選を果たし、92年にはウラン濃縮工場、低レベル放射性廃棄物埋設センターの操業が始まり、93年には再処理工場の着工も開始する。95年は参院選では件の三上氏が落選する一方、今度は知事選をやや反対派寄りの木村守男氏が制することになり、核燃料サイクルの推進が危ぶまれることになった。

木村県政では高レベル放射性廃棄物の搬入を拒否し、開発計画の見直しを表明するなど方針転換の動きを見せたものの、うまく機能せず徐々に下北半島の原発基地化に柔軟な姿勢を見せていくことになった。そして2003年には木村知事がスキャンダルで失脚し、以後青森県知事は今に至るまで推進派の三村申吾氏が長期政権を築いている。六ヶ所村の再処理工場は2003年にほぼ完成し、以後試験段階に入ることになったが、この時に経産省内部で核燃料サイクルをめぐる政治闘争があったのは前述の通りだ。こうして20年に及ぶ政治闘争の末、青森県政は概ね核燃料サイクル推進で大勢が決した。

このような長年にわたる政治闘争を経て、下北半島には原子力行政を理解する一定の政治的土壌が生まれ、前述のような数々の原発の開発計画が立てられることになった。ただこれらの計画の背景には、核燃料サイクル政策という基底があることを理解する必要がある。今後長引くことが見込まれる電力不足の解決策として、下北半島における原発開発に期待することは一つの方向性としてあり得るが、そのためには政府が核燃料サイクルの推進を明確にせざるを得なくなるだろう。改めて下北半島にある核燃料サイクル施設を確認すると図表18のようになる。

仮に再処理工場がフル稼働すると年間8tのプルトニウムが回収されることになる。プルトニウムを中心とする高速増殖炉の開発が停滞する現状では、MOX燃料という形でウランとプルトニウムを混ぜて原発に利用する必要があるのだが、その混合比率はプルトニウム4～9%、ウラン91～96%となる。仮に再処理工場がフル稼働したとすると、

施設	所有企業	現状	規模	場所
リサイクル燃料備蓄センター	リサイクル燃料貯蔵	事業開始準備中	5000t	青森県むつ市
再処理工場	日本原燃	工事中	年間800t処理可	青森県上北郡六ヶ所村
高レベル放射性廃棄物貯蔵管理センター	日本原燃	稼働中	ガラス固化体2880本	青森県上北郡六ヶ所村
ウラン濃縮工場	日本原燃	生産運転再開準備中	150tSWU/年で検討中	青森県上北郡六ヶ所村
低レベル放射性廃棄物貯蔵管理センター	日本原燃	稼働中	埋設規模20万㎥	青森県上北郡六ヶ所村
MOX燃料加工工場	日本原燃	工事中	130t/年	青森県上北郡六ヶ所村

図表18　下北半島の核燃料サイクル施設

当然年間8t以上のMOX燃料を通じたプルトニウムの消化が必要となる。

だいたいプルサーマル対応の原発100万kWあたりのプルトニウムの年間消費量が0・5t程度なので、8t／年のプルトニウム消費には1600万kW程度のプルサーマル対応の原発の稼働が必要となる。これは我が国のプルサーマル対応の原発ほぼ全ての稼働を意味する。


特に大間原子力発電所の稼働や東通原子力発電所の利用は不可欠になるだろう。

昨今政治的方便として「原発を最小限利用して、次の技術が生まれるまでのつなぎに使い、『脱原発』を達成する」という都合のよい解決策を主張する政治家が増えてきた。こうした主張を核燃料サイクルに振り回され続けてきた青森県民がどのような気持ちで見ているか、彼らの納得いくような形での「脱原発」策は本当にあるのか、今一度真剣に考えてみるべき時期が迫ってきている。

それはおそらく再処理工場の工事が完了する、2024年から2025年になるだろう。

先送りの限界が迫ってきている。

東電国有化と原子力立国の残り火

福島第一原発事故後に政府は「電力危機」と「東電の破綻処理」という2つの課題と向き合うことになった。福島第一原発事故が起きたのは民主党の菅直人政権の時であったが、当初民主党政権は原子力発電の活用に積極的だった。２００９年9月の国連総会において鳩山由紀夫首相（当時）が温室効果ガスを２０２０年までに25％削減（１９９０年比）することを国際公約としたこともあり、その実現のためにむしろ自民党よりも原発の利用に積極的な傾向すらあった。

温室効果ガス削減目標というのは基準年が重要になるのだが、１９９０年は既に原発が相当程度利用されていた時期のため、この目標達成はかなり困難だった。私は当時まだ経産省にいたが、省内では「これは厳しい……」と皆青ざめていた。そのため２０１０年に策定されたエネルギー基本計画は、

- 化石燃料を使わないゼロエミッション電源の割合を70％まで高めるとし、
- その内訳は原子力が50％、既存水力が10％、再エネが10％とする

というかなり無理のあるものとなった。つまり福島第一原発事故以前の民主党政権は、それまでのどの政権よりも原発を活用しようとしていた。

それが東日本大震災、福島第一原発事故後に一変することになる。2010年以前は発電電力量の30％弱が原発によるものだったが、概ね年に一度ある定期検査のタイミングで政府が順次原発を再稼働しないよう指導したため、原発は段階的に停止していった。この結果原発の構成比率は2011年には10・7％まで落ち、2012年5月に泊原発3号機が停止すると、国内の全原発が停止することになった。

ただこのままの状態が続くと、特に原発への依存度が高かった関西電力管内で供給力不足が深刻となることが予測されたため、政府は「事故を起こした福島第一原発のBWRとは方式が違う」として2012年6月にPWRの大飯原発3号機と4号機の再稼働を決定した。これでかろうじて命脈を保ったものの2012年の原発の供給比率は1・7％まで落ち込んでいる。これだけ原発が停止してしまうと、当然代わりとなる電源を確保する必要が出てくる。

この時点で原子力発電の代わりとなりうるような電源は火力発電しかなかったため、電力会社は本来ミドル電源、ピーク電源として運用されていたLNG火力、石油火力をフル活用して当座の状況を乗り切った。それでも電力の供給量は十分とは言えなかったが、これに関しては国民、企業の節電行動が定着し、なんとか小康状態を作り出すことに成功する。

ただここで採算を無視して電源をフル活用した結果、電力会社の経営は一挙に悪化する。特に東京電力、関西電力、九州電力の2011年度、2012年度の決算は数千億円規模の赤字を計上する破滅的な状況だった。このうち関西電力と九州電力については、保有する原発がPWRだったので、順次原発再稼働が進んだことで徐々に業績が回復していく。一方の東電はBWRが中心でさらに原発事故の賠償金の重しがあり、より深刻な経営危機に陥っていく。

具体的には2011年末の段階で東電の事故対策費用は、住民への賠償費用、福島第一原発の廃炉費用、汚染区域の原状回復などで5・8兆円と試算されていた。結果としてこの事故対策費用は22兆円にまでに拡大するのだが、一方で各社が保険で対応できる範囲は1200億円が上限とされており、とても東電1社だけで、というより民間企業では対応できないことは明らかだった。

当初東電は政府に福島第一原発事故は「異常に巨大な天災地変」で前述の原賠法の免責

基準にあたると主張して、会社の独立存続の道を探るが、政府はこの主張を却下した。この時点で政府は東電に関して、破綻させて新会社を作るか、国有化して存続させるかのいずれかを選ばざるを得なくなったが、結果として東電破綻による金融不安や電力供給不安を恐れた政府は、東電に大規模資金を注入して国有化して存続させる道を選んだ。

言うまでもなく東京電力は9電力の筆頭であり、この時点で9電力体制は事実上終焉したといってもいいだろう。以後政府の電力自由化政策は、本格的に9電力体制の解体を目指す「電力システム改革」に着手していくことになる。

今現在の東京電力の状況だが、既に国から投入されている10兆円超の資金を含む16兆円を捻出するための官民一体の事業体となっている。予定ではこれから数十年にわたって年間最低でも5000億円規模の利益を計上し続けることになっているのだが、これを実現するには保有する柏崎刈羽原発、建設／計画段階の東通原発を完成させフル稼働することが必要不可欠となるだろう。

9電力体制も原子力立国の夢も潰えた。しかしながら現状は9電力の経営は原子力なしでは成り立たず、また、国ももはやそこに半ばプレイヤーとしてコミットせざるを得ない状況となっている。脱原発と口で言うのは簡単だが、これから我が国には長く、苦しく、それでも歩み切らねばならない、原発と共存していく未来が待っている。

電力システム改革と新電力バブル

東日本大震災以降、電力自由化はそれまでとは異なる局面に入った。

これまでは、あくまでも9電力体制の骨格を前提とした上でその一部を自由化するというアプローチが取られていたが、東日本大震災以降に進められた「電力システム改革」は9電力体制そのものを解体することを目指していた。

繰り返しになるが、9電力体制は「①民営、②発送配電小売一貫経営、③地域別9分割、④独占」という4つの特徴がある。これまでは①〜③には手をつけずに、④の独占を段階的に緩和するアプローチで進められてきたが、「電力システム改革」では9電力体制のコアな部分を見直して、根本的に我が国の電力供給のあり方を変えていこうとするアプローチで進められることになった。

具体的には「電力システム改革」は以下の三つの柱で構成されている。

- 広域的な送電線運用の拡大（2015年4月〜）

↓これまでの「③地域別9分割体制」から脱却し、より広域的な電力系統網の構築／運用を目指す。

• 小売全面自由化（2016年4月〜）

↓全ての小売市場を自由化し、「④独占体制」から完全に脱却する。

• 法的分離による送配電部門の中立性の一層の確保（2020年4月〜）

↓これまでの「②発送配電小売一貫経営」の前提を覆し、送配電会社を分社化して切り離して中立的な別組織とする。発電会社と小売会社も別々にライセンスを発行する。

このように9電力体制の4つの特徴のうち、電力システム改革貫徹の後に残るのは「①民営」のみで、つまり、電力システム改革は完全な9電力体制からの脱却を目指すものとなっている。

こうした改革は当然電力の流通にも大きな影響を与える。

9電力体制時は発送配電小売が一体化していたため、「自社で発電所を持ち、自社で運用する送配電網に流し、自社の顧客に売る」という自社調達体制が基本であった。ところが電力システム改革後は、自社発電所がなくとも小売のみでの電力市場参入も可能となった。

この場合電力の調達元の中心となるのが、日本卸電力取引所（ＪＥＰＸ）である。

ＪＥＰＸ自体は２００５年4月から開設されていたが、電力システム改革以前はほとんど使われていなかった。９電力が余剰電力をお付き合いで若干割り当てる程度で、２０１２年度の電力需要に占めるＪＥＰＸの経由率は０・７％に過ぎなかった。これだけ卸売市場の厚みが乏しいと、新規参入する会社も自社で予め発電所を用意せざるを得ず、それが負担となって新電力の参入はほとんど進まなかった。

電力システム改革ではこうした構造を転換するため、経済産業省は9電力に対して発電の一定割合（30％程度）をＪＥＰＸに割り当てるように強く指導した。そのため、９電力は従来社内で取引されていたような取引も取引所を介して売買するようになった。これを「グロスビディング」といい、新電力は発電所を持たずとも多くの電力を調達できるようになった。また他にも後述するＦＩＴ（固定価格買取）制度を利用して発電された再エネ電力も全量ＪＥＰＸに投入されたため、再エネの導入に比例してＪＥＰＸの取引量の厚みは増していき、２０２２年には電力需要に対するＪＥＰＸの経由率は36・３％にまで上昇した。わずか10年で流通におけるＪＥＰＸのシェアは50倍にまで高まったわけである。

またＪＥＰＸに対する入札はミドル電源が中心になるが、経産省は9電力会社に対して、ベースロード電源に関しても新規参入事業者に一定割合の融通枠を常時用意しておくように指導した。これを「常時バックアップ（BU）」という。こうした施策の結果、「新電力」が容易に電力市場に参入できる環境が整い、新電力は急増した。

よくある参入パターンは、

- FITを利用した再生可能エネルギー発電事業で事業の基礎を作り、
- その次の展開として常時BUとJEPXから電力を調達する形で利益率の高い高圧の商業施設や家庭等の低圧の小口の電力販売市場に参入し、
- ある程度販売規模が拡大した段階で大型の自社電源の開発に取り組む。

というものであった。

また経産省は9電力に対して、ベースロード電源の電力についてはグループ内と同じ条件で新電力に販売し、ミドル―ピーク電源が中心となるJEPXへの入札については固定費を除いた限界費用ベースで入札するように指導していた。これは9電力のみがミドル―ピーク電源の固定費を負担し、新電力がただ乗りできるという露骨な新電力の優遇政策だった。この結果新電力には「利益の率の高い上澄みの市場で、9電力の電気を、9電力よりも良い条件で取り扱える」というボーナスタイムが訪れた。

当然各地で新電力のシェアは急上昇し、2012年4月時点で2・3%だったのが、2022年3月には21・3%にまで拡大した。新電力バブルである。

新電力バブルの終わりと供給責任の所在

こうして電力システム改革の結果「9電力の電源にただ乗りして新電力が利益率の高い市場を狙い、その残りの市場を9電力が供給する」という新電力にとってボーナスタイムともいえる構造が生まれたが、当然こんな都合がいいことはそう長く続かない。経営が苦しくなった9電力は、固定費が回収できず赤字化した火力発電の廃止を進めていったのだ。その結果起きたのが現在にまで続く電源不足と、突発的な卸売市場での電力価格高騰である。

JEPXの代表的指標であるシステムプライス（全国価格）の動向を見てみると、2013年度から2019年度にかけては、

・平均値：16・5円／ｋＷｈ（２０１３年度）→７・９円／ｋＷｈ（２０１９年度）

・最高値：55・０円／ｋＷｈ（２０１３年度）→60円／ｋＷｈ（２０１９年度）

と最高値がそこまで高くならないまま、平均値が下がり続けている。新電力はこの恩恵を享受してＪＥＰＸから安く電力を調達して、利益率の高い市場で販売していた。

しかし２０２０年度から急激に様相が変わる。この年から平均値は上昇傾向となり、最高値は急に２５１円／ｋＷｈにまで高騰する。電力の販売価格はせいぜい30〜40円／ｋＷｈであるところ、原価が２５１円／ｋＷｈにまで上がるのだからとんでもない逆ザヤで、売れば売るほど大損する大赤字の商いである。これにより新電力は一斉に経営危機に陥った。２０２１年度は制度的救済により最高価格が80円／ｋＷｈと低く抑えられたが、それでも平均価格は13・5円／ｋＷｈまで上昇し、足下の２

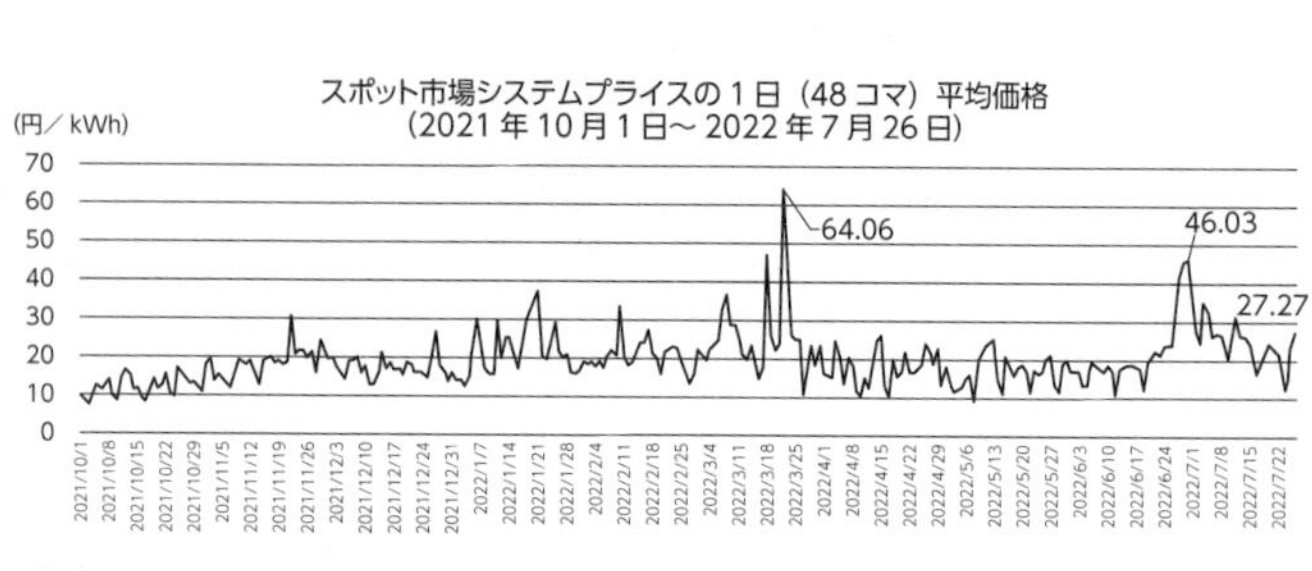

図表19
（電力・ガス取引監視等委員会「第74回 制度設計専門会合事務局提出資料」より）

022年度では7月現在で平均値も20・0円／kWhまでの上昇と2019年度の3倍近くになっている。これは2013年度の水準を超えており、電力システム改革の意義自体が問われる事態になっている。

こうしたJEPXの価格高騰により、2021年以降、新電力が事業を撤退・縮小する事例が相次いでおり、新電力のシェアが下落し始めている。私自身が仕事で携わる範囲でも、電力の大口需要家の間では以下のような声が高まっている。

- 電力自由化して以降、つい2、3年前までは、新しい工場やビルを作るときに電力の調達のため入札をかけると数社が応募してきて、そのうちの一番安い事業者を選べばよかった。実際電気代は安くなった。
- ところがここ1、2年はほとんど応札してくれる企業がなくなり、東京電力や関西電力や東北電力といった旧来の9電力、いわゆる旧一電と契約することが多くなった。
- さらにこの半年になると、そもそも契約してくれる電力会社がほとんどなくなり、契約してくれるにしても固定価格ではなく市場価格と連動する高値の、いわゆる「市場連動プラン」が中心になった。

- こういう状況では、電力価格の高騰対策、市場価格の変動リスク対策をしなければならないので、社内でチームを立ち上げ電力の調達に関する対策を本格的に検討することにした。

電力システム改革を進めた結果、電力価格も安くならず、供給が不安定になり、先行きも見通せないという状況が生まれつつあり、「電力システム改革とは何だったのか」ということが改めて問われ始めている。

この背景にあるのは、「誰が電力の供給責任を負うのか」という問題である。

かつては地域ごとに独占を認められた9電力が地域の電力の供給責任を担っているのが明らかだった。これが2016年以降、電力システム改革の総仕上げとして「送配電分離」の実行が進められて以来不明確になっている。

送配電分離は一見9電力にとって既得権益を失ったようでマイナスに見えるが、必ずしもそうともいえない。9電力はこれまで地域独占という特権だけを享受していたわけではなく、その特権に応じて「電力の供給責任」という重責を担い、「料金規制」という経営上の制約をずっと受けてきた。こうした供給責任は、送配電分離後は送配電会社が各種契約を通じて電源を確保することで引き継ぐこととされ、9電力の発電部門、小売部門はこの重責から解放されることとなった。また、小売の料金規制についてもしばらくは残るがいずれ全面的に撤廃される見込みである。つまり9電力の発電部門と小売部門は送配電分離によって経営の自由を手に入れ、従来では取れなかった選択肢を選べるようになりつつある。

それが顕著に表れているのが2016年以降の発電設備のスリム化である。

2010年から2016年にかけて9電力は供給責任を果たすため、原子力発電所の稼働率低下を補うように必死に火力発電設備を増強した。これは数字を見れば明らかで、日本全体を見た時、2010年に11036万kWだった火力発電設備は2016年に13486万kWまで増加しており、ここに9電力の必死の努力が見て取れる。この時期彼らは赤字覚悟で採算性の悪い、老朽の石油、石炭、LNG火力を再整備し、総動員して供給責任を果たしていた。

しかしながら電気事業法における事業者の分類が従来の発送配電小売一体の体制を前提としたものから、発電会社、送配電会社、小売会社という3区分に見直され、発電部門と小売部門が供給責任から解放された2016年以降、その流れは逆流して火力発電の廃止が続くようになる。供給責任から解放された発電部門がまずは次々と不採算の石油火力発電所、老朽LNG火力発電所を閉じ、2020年以降はLNG価格の高騰を受けて、先行きの見込みが悪化したLNG発電所の追加的な廃止を決めたのは第1章で述べた通りだ。

このように送配電分離後は、

- 送配電会社が供給責任を引き続き担うこととされたが、
- 9電力の発電部門が経営改善のために老朽火力発電所の廃止を加速させており、
- 他方で増加した再エネだけでは原理的にその減少分を補うことができず、
- 原子力発電の再稼働も思ったように進まず、
- そもそもの電源不足で送配電会社が十分な電源を確保できない。

という状況が生まれている。このような負のスパイラルを止めるため、今改めて「誰が、どの範囲で、どのように供給責任を担うのか」ということを考え直す時期が訪れているのではなかろうか。

今電力の卸売市場でどのような問題が生じているのか

さて前項で述べた通り、電力システム改革が進められて以降、しばらくJEPXの約定価格は低下し続けていたが、2019年度以降は反転して上昇し始めている。

足下ではたびたび市場が高騰し、普段は0～30円／kWh程度の範囲に収まっている約定価格が、200円／kWh程度まで上がる局面が見られ、新電力の事業廃止や破綻が相次いでいる。そこで2020年12月から2021年1月にかけて251円／kWhまで上昇した市場高騰を例に、今電力の卸売市場でどのような問題が生じているのか、解き明かしておきたい。

まずこの時期の卸売市場の値動きについて、2020年12月の半ばごろから徐々に市場で需給が逼迫し始め、日の最高値で50円／kWhを超えるコマが出始めた。こうした電力の逼迫状況が12月後半になると常態化し、最高値が連日50円／kWhを超え100円／kWhに迫るようになり、2021年1月に入ると平均価格ですら50円／kWhを超えた。

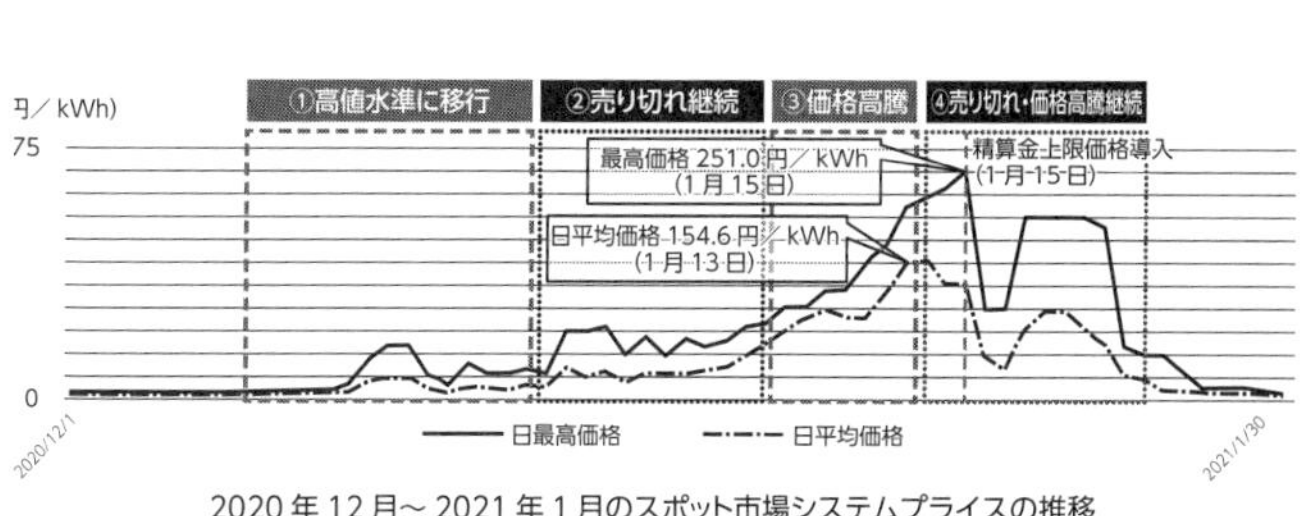

図表20　2020年12月～2021年1月のスポット市場システムプライスの推移
（経済産業省「2020年度冬期の電力需給ひっ迫・市場価格高騰に係る検証　中間取りまとめ」より）

そして1月半ばには価格上昇が止まらなくなり、最高値で251円／kWhをつける日も出て、日平均価格も100円／kWhを超えるようになった。この時点で経産省が上限価格を200円／kWhにするように制度を改めたためこれ以上高騰することはなくなったが、JEPXは1月いっぱい高値圏が続き、1月末になってようやく通常の約定価格の水準に戻った。

少し長くなるが、ここでなぜ電力市場がこれほど高騰することになったのか、解説していきたい。大前提としてJEPXのメインとなる前日スポット市場では、売り入札を価格が低い順から並べて作った「供給曲線」と、買い入札を価格が高い順から並べて作った「需要曲線」の交点で価格を決める。そしてその価格が市場を通じた取引全てに適用される。こういう方式を「シングルプライスオークション」という。

公開されている2020年12月28日と2021年1月14日の供給曲線と需要曲線を見ると非常に特徴的なものになっている。買い入札の方は上限価格である999円／kWhから段階的に階段のように下がってきている。これに対して、売り入札は約定量である18745MWhで弾切れとなってそこから垂直に伸びる直線となっており、その結果供給曲線と需要曲線との交点が高い水準となった形だ。つまりJEPXに売り出される電力量（k

Wh）が不足してしまい、買値に引きずられてどんどん約定価格が上昇していったというわけである。

では「なぜ電力量が不足してしまったのか」ということになるのだが、この理由として経産省は事後的な分析で、

①気温低下に伴う需要増
②LNG在庫低下や計画外停止による火力の稼働制約

という二つの要因を挙げている。この説明は間違ってはいないのだが、多分に政治的に配慮した玉虫色の説明となっている。

まず前者について、確かにこの時期は例年よりも気温は低かったが平年気温との差はマイナス2℃程度で、極端に寒かったというほどではない。後者についてはこの時期9電力が需要予測をやや見誤っておりLNG在庫が潤沢ではなかった。ただそうした需要の見誤りは往々にして起きることであり、ましてや

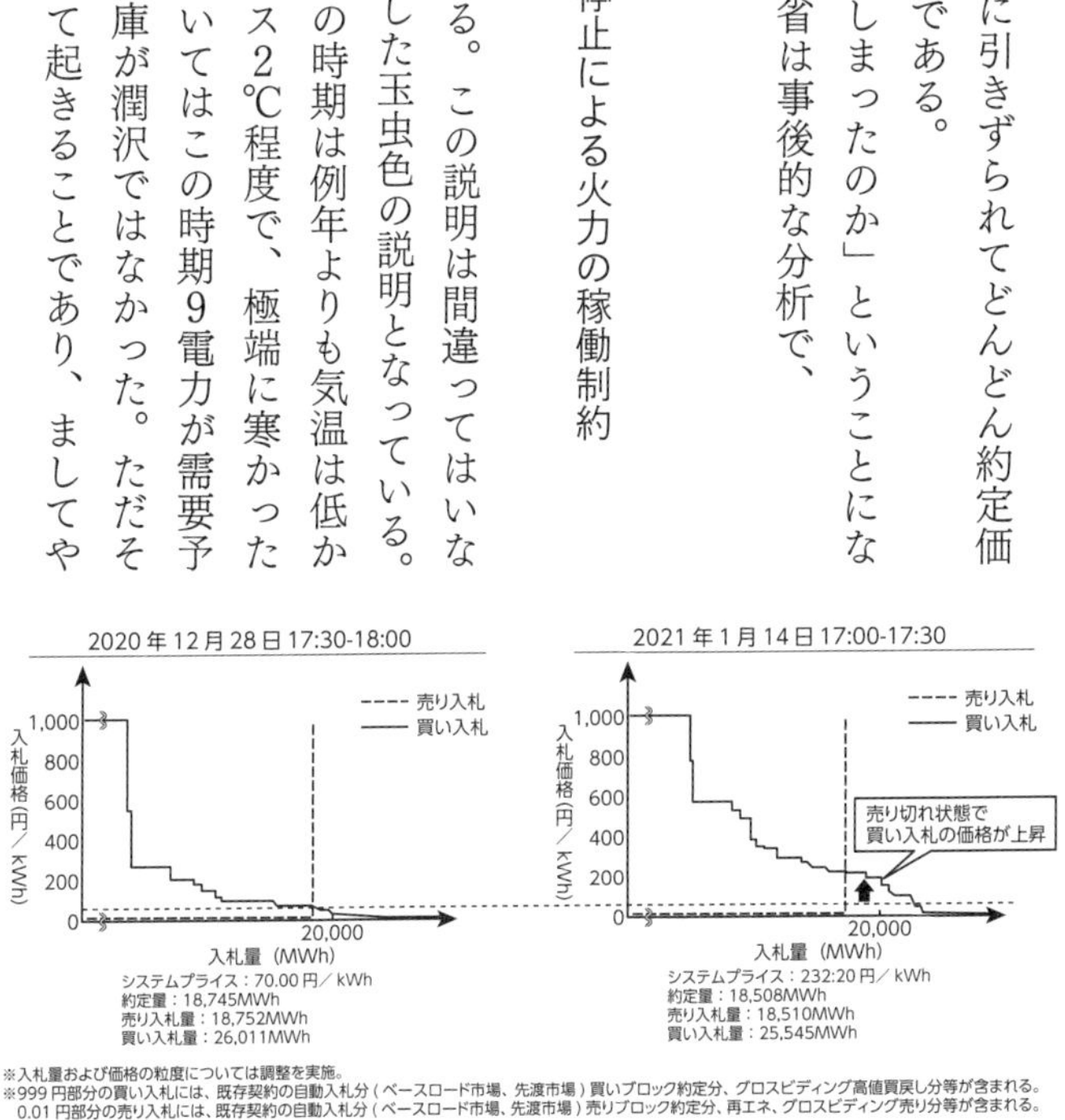

2020年度冬の価格高騰における価格上昇のメカニズム

図表21（経済産業省「2020年度冬期の電力需給ひっ迫・市場価格高騰に係る検証中間取りまとめ」より）

電力自由化が進められて9電力体制が終焉した今になって供給責任を9電力の発電部門に対して求めるのはお門違いというものだろう。

むしろそのような「一つの判断の間違いで需給が逼迫してしまうような、LNG火力発電に極端に依存した脆弱な電力の供給体制」こそが問題の本質であるように思える。

ここで「売り入札曲線というものがどのようにできているのか」を考える必要がある。先に述べた通り卸売市場への入札は限界費用ベースで行うよう経産省から強く指導されている。この場合、固定費中心で発電に追加的な燃料が不要、もしくはほとんどいらない再エネ（太陽光、風力、水力）と原子力は限界費用が0円／kWh近傍で最も安くなり、続いて石炭、LNG、石油、という順に各種火力が続いていく。こうした各種電源を限界費用が安い順に並べて運用していくことを「メリットオーダー」というのだが、まさしくJEPXの供給曲線はこのメリットオーダーに従って形成されている。

現状原子力発電の稼働率は低く、また、相対契約が中心で卸売市場に参加しないので、そうなると卸売市場はまず再エネが売れ、続いて火力が石炭、LNG、石油と安い順に約定していくことになる。そうなると火力発電の稼働率は再エネの導入が増えれば増えるほど下がっていく。他方で再エネの導入量が増えれば増えるほど、朝や夕方など太陽光発電の発電しない時間帯の火力発電のバックアップの役割も重要になってくる。再エネの導入量が増えると火力発電の稼働率が落ちて採算性が悪くなり廃止が進むのに、一方で朝夕の火力発電の再エネのバックアップとしての役割は増していくのだから、市場で放っておいたら電力システムが破綻するのは必然である。

ましてや限界費用ベースでの入札を強いられ、それがそのまま約定されている状況では固定費すら回収することもできない。だから火力発電の経営を成り立たせるためには、市場で電力が不足するまで発電所を廃止し続けて、価格が電力不足で高騰する状況が必要となってくる。現状の電力不足はまさしく政策のミスによって作り出されたものである。こうした状況を避けるためには、火力発電は市場以外の仕組みで固定費収入を確保させなければならない。我が国はその制度設計が遅れており、ようやく2024年ごろからこうした仕組みが本格稼働する見込みだ。

そういう意味では現在の卸売市場での電力価格高騰は、「誰も優しくしてくれなかった火力発電の悲鳴」と言えるのかもしれない。

再生可能エネルギーと幻のエネルギーミックス

9電力以外の供給面における福島第一原発事故後の大きな変化として、再生可能エネルギーの導入の促進が挙げられる。2010年に発電電力量に占める割合が2％に過ぎなかった再エネ（水力を除く）は、2020年には12％にまで伸びた。これはひとえに固定価格買取制度、いわゆるFITの導入の効果と言える。

固定価格買取制度は、太陽光、風力、地熱、中小水力、バイオマスといった再生可能エネルギー源を利用して発電された電気について、送配電網を運用する電力会社に全量、固定価格で買い取らせることを義務付ける制度である。例えばこの制度が導入された2012年度の産業用の太陽光発電については、40円／kWhで20年の買取が保証された。概ね1kWの太陽光発電所は年間1200～1500kWh程度発電するので、年間5～6万円、20年間で100～120万円程度の収入が確約されることになる。そうなると、年間6％程度の利回りを考えても、31～37万円／kW程度の太陽光発電システムへの投資が可能となり、利益もほぼ保証される。いわば「国のお墨付きで利益が保証されるビジネス」で、この時期「再エネバブル」と呼ばれるほどに再エネへの投資が殺到することになった。

特に立地制約が緩い太陽光発電には投資が集中した。固定価格買取制度の2021年3

月時点での各再エネ電源の導入量および開発計画中の認定容量を見ると、

- 太陽光：5595・2万kW（7549・7万kW）
- 風力：197万kW（1306・7万kW）
- バイオマス：265・1万kW（796・2万kW）
- 中小水力：69・7万kW（157万kW）
- 地熱：9・1万kW（15・9万kW）

と太陽光発電への投資/計画の突出ぶりが見て取れる。

他の電源について簡単に触れておくと、太陽光の次に認定容量の大きい風力発電については環境影響評価や広い範囲の周辺住民の了承が必要で開発に10年程度かかるため、計画段階の認定容量は多いものの実際の導入はこれから増えていく見込みだ。バイオマス発電については、大型の発電所の場合間伐材のような燃料となるバイオマス資源を国内だけで賄うことが困難なため、補完的に木質ペレットやパーム椰子殻といった海外資源の輸入が必要で、その確保が必ずしも順調とはいえず計画通りに進まない案件が増えている。再エネでありながらある程度輸入資源に頼らざるを得ないという面でバイオマス発電は他の区分とは性質が異なる。中小水力、地熱については既に国内で資源が概ね開発済みで、追加開発余地が限定的で導入容量、認定容量とも低水準にとどまっている。

このように国内の再エネの開発は、これまで太陽光発電の導入が先行し、これから風力発電の導入が進んでいき、バイオマス発電の導入は海外資源の確保状況に依存し伸び悩んでおり、他のエネルギー源の導入は限定的という状況になっている。

ではここからどの程度再エネの導入が進むのかという話については、2021年10月に取りまとめられた第6次エネルギー基本計画に2030年の電源構成案、いわゆるエネルギーミックスに国としての〝一応の〟目標がまとめられている。この計画は政治的妥協の産物で非常に問題が多いのだが、後々その内容は触れるとして、とりあえず同計画に記載された目標を紹介すると上の表の通りである。

2020年度の電源構成は全体の需要9896億kWhに対して、

- 再エネ：19・8％（太陽光：7・9％、水力：7・8％、風力：0・9％、バイオマス：2・9％、地熱：0・3％）

・原子力：4％
・火力：77％（LNG：39％、石炭：31％、石油：7％）

という形で供給しており、火力中心で再エネは太陽光発電に偏重したものとなっている。再エネの導入が進む中、他方で原発の再稼働が進まず、火力発電をフル活用しているのが現状というところであろうか。

このような現状から、2030年度までに全体の需要を8640億kWhにまで大幅に減らし、

・再エネ：36～38％（太陽光：14～16％、水力：11％、風力：5％、バイオマス：5％、地熱：1％）
・原子力：20～22％
・水素／アンモニア：1％
・火力：41％（LNG：20％、石炭：19％、石油：2％）

とすることが政府目標になっている。

ここに至るまで河野太郎氏や小泉進次郎氏のように再エネを中心として急進的に脱炭素を目指す政治勢力と、現実的な目標を求める産業界との間で政治的に散々揉めたのだが、最終的には「国際公約としている2030年までの温室効果ガスの46％減（2013年度比）を目指して、徹底的に省エネを進めつつ再エネの最大限の導入を図り、原発は着々と再稼働を進めていく」という玉虫色の形で数字が調整され強引にまとめられた。

この計画をどう評価するかというのは大変難しい。

肯定的な面を言えば、とにもかくにも多くのステイクホルダーがしぶしぶながらも納得した、国としての新たなエネルギー政策の目標である「ポスト原子力立国」が定まった点が挙げられる。「原子力比率40％以上を目指す」という「原子力立国」の後のエネルギーミックスの姿が、東日本大震災以来我が国では中々上手くまとまらなかった。一応2015年7月にもエネルギーミックスは作られたのだが、この計画は温室効果ガス削減の目標や再エネの導入が不十分とされるなど、各所で不満が燻（くすぶ）っていた。そうした不満を反映させ、一応国際的に遜色ない温室効果ガス削減目標と、高いレベルの再エネ導入目標を両立させたのが今回の計画と言える。その意味では政治的合意としては評価できる計画である。

他方で問題は、この計画の実現性がほとんどないことである。13％超とされる省エネ目標や、現状から倍増に近い水準を目指す再エネ導入目標に代表されるように、今回のエネルギーミックスはさまざまな面で非常に高い目標を掲げているにもかかわらず、具体的な実現に向けた道筋が描かれていない。

そもそも大前提になっている「２０３０年に２０１３年比で温室効果ガス46％削減を目指す」という目標は、掲げた小泉進次郎環境大臣自身が「くっきりとした姿が見えているわけではないけれど、おぼろげながら浮かんできたんです、46という数字が」と説明しているように、全く根拠がなく政治的調整で決められたものである。こうして政治的に決められた目標に向けて、官僚が鉛筆を舐めて帳尻合わせして作った計画が今回のエネルギーミックスであり、繰り返しとなるが、実現性がほとんど考慮されていない。

このように我が国のエネルギー政策は、東日本大震災後長らく航路が定まらなかったが、現在は朧げながら見える蜃気楼を目標として突き進んでいる状況である。このまま行けばいずれ現実に直面して座礁することになるだろう。

第4章

電力の未来は
どうなるか

現状認識①：電力システム改革は今のところ上手くいっていない

第1章では「なぜ今電力不足が起きているのか」をテーマに電力システムの現在を、第2章では「9電力体制はどのように誕生したのか」をテーマに戦前から戦後にかけての電力産業の歴史を、第3章では「電力自由化はなぜ上手くいっていないのか」をテーマに石油危機後の電力自由化の経緯を見てきた。最後となる第4章では「電気の今後」をテーマに、これまでの議論を振り返りつつ、私なりの電力システムの現状認識、予測、提言をまとめていきたい。

まず現状認識から入ると1点目は、これは皆が感じていることだろうが「電力システム改革は今のところ上手くいっていない」ということである。電力システム改革が本格化したのは2015年以降のことだが、現状は電力不足は起きるわ、電力料金は上がるわ、散々な状況である。この理由について第2章で提示した「電力の商品性」という観点でまとめてみたい。繰り返しになるが電力には商品として以下の5つの特徴がある。

①貯蔵の困難性

電力そのものを貯めることはできず、発電した電力は原則瞬時に消費しなければならない。

②低い価格弾力性

電力はインフラで、また需給調整はリアルタイムで行われるため、価格の上げ下げで需給を調整することが難しい。

③流通制御の困難性

電力は流通に巨大なインフラが必要で、また、常時需給を一致させなければならないので取引に技術的な制約が多数生じる。

④2次エネルギーである

電力は2次エネルギーであるため、十分な供給には石炭や石油や天然ガスや原子力といった「1次エネルギー」の確保が大前提となる。

⑤開発に時間がかかる

大規模な発電所や送配電網の整備には少なくとも10〜20年単位の時間がかかるため、長期計画が必要で、急には問題に対応できない。

こうした電力という商品特有の問題に対して、9電力体制は一応の回答を出せていたが、電力システム改革後の現状はまだ回答を出すには至っていない。それぞれの論点に関しての9電力体制における対応と現状の評価を○、△、×で簡単に見てみよう。

①貯蔵の困難性への対応：△

9電力体制では各エリアで大規模な揚水発電所を開発し、ある程度のエネルギーの貯蔵を可能にした。電力システム改革後はより分散型の電力貯蔵システムとして大型蓄電池の開発／実証が進んでいるが、まだコスト面で普及段階には至っていない。

②低い価格弾力性への対応：△

9電力体制では、地域を独占する各社に供給責任を負わせて十分な供給予備力を確保させた。電力システム改革後は供給責任から解放された9電力の発電部門が火力発電の廃止を加速させ、供給力が不足し始めている。これに対して需要側がリアルタイムに反応して消費電力量を減らすデマンドレスポンス（DR）技術や節電ポイントなど省エネにインセンティブを与える仕組みが進化しているが、供給力の不足を埋めきれていない。

③流通制御の困難性への対応：○

9電力体制では分割された地域ごとに発送配電小売一体の体制で、需給管理を一元化することで需給調整に対応していた。電力システム改革後は、新たに誕生した送配電会社及びその集合体としての半官半民の準公共機関である「電力広域的運営推進機関(OCCTO)」が、ITを活用したより広域の需給管理に挑戦している。これは今のところ機能しており、これまでの9エリアから、通常時は全国単位で、連系線制約がある時は北海道、東日本、西日本、九州単位などで市場が分断するような形で運用されている。

④2次エネルギーとしての制約への対応:×

9電力体制では、通産省内に資源エネルギー庁を設置することで、電力政策と資源政策を連動させて1次エネルギーを確保する努力を重ねていた。電力システム改革後は温暖化対策を重視した結果、本来の趣旨から外れて実現性の乏しいエネルギー基本計画ができてしまった。

⑤開発に時間がかかることへの対応:△

9電力体制では地域独占を認めることで経営を安定させ、発電所、系統の長期の開発計画を立てられるようにしていた。電力システム改革後は卸売市場の取引量拡大を先行させ、発電所の固定費を補償する仕組みの導入が遅れたため火力発電への投資が縮小している。また、国際情勢の混乱もあり、ますます火力発電所の長期の開発計画を立てることが困難になってきている。

電力システム改革はまだ途上であり、現時点で9電力体制と比較することは必ずしもフェアではないが、現状はこのように問題が山積みである。ただ状況は悲観的なことばかりではなく、5つの論点のうち、エネルギー基本計画の問題を除いた4つに関してはそれなりに解決の方向性が見えており、また、送配電網の広域化に関しては明確な成果も出てきている。

そういう意味では、電力システム改革がうまくいくかどうかは、これからの努力次第であろう。ただ足下の現状は悪く、状況改善に向けた努力が求められることは間違いない。

現状認識②：東日本の電力不足は長期化するが、それ自体は大きな問題ではない

2つ目の現状認識としては、

「東日本の電力不足は長期化するが、それ自体は大きな問題ではない」

という点を挙げたい。第1章で述べた通り東日本の電力不足はおそらく長期化することになる。第1章で東京エリアの需給逼迫時の電力システムの問題として、

①低すぎるベースロード電源比率
②(昼でも) 低いVRE電源比率
③電力貯蔵システムへの過剰依存
④他地域への常時供給依存

という4点を挙げたが、これらの全てが2030年までのスパンで解決する可能性はほぼないし、ましてやこの2～3年で解決する可能性はほぼゼロである。

特に「①低すぎるベースロード電源比率」の問題は深刻で、現在目処が立っている柏崎刈羽原発や東海原発の再稼働が進んだところでベースロード電源の比率はそれほど上がらず、また火力発電の廃止のペースを考えると供給力の積み増しの効果も限定的である。原発の再稼働によってようやく東京エリアの電力システムの安定性は現状維持ができる程度で、依然として問題解決には至らない。東京エリアの電力システムが上手くいかなければ

隣接する東北エリアも必然的に巻き込まれ、電力不足は東日本単位とならざるを得ない。

仮に東京エリアの電力システムの問題が軽減されるとしたら、これから数年で急速に太陽光発電と電力貯蔵システムとして大型蓄電池の導入が進み、なおかつ、中部や東北という隣接地域の電力システムが健全化して他地域からの供給が増える、というようなストーリが考えられるが、現状そのような動きは確認できず、それほど物事は都合よく進まないだろう。特に蓄電池については、系統でVRE電源発の電力をピークシフトするために使うには未だコストが高すぎる。そのため「少なくともこれから数年は需要が増える冬や夏は電力が不足する」という前提で生活を考える必要がある。

他方で電力不足の生活の影響については、現状のレベルで止まるなら大きな問題ではないというのもまた事実である。なぜかというと「我々の緊急時の節電ノウハウが上がってきている」からだ。本当に電力不足の危機に陥るのは年間でせいぜい数週間から数ヶ月で、これくらいの期間の不便ならば良くも悪くも我慢や工夫で乗り切れてしまうということがデータで見えてきている。

電力需給に関しては一般に電力の予備率が10％を切ると停電への黄色信号が点り（とも）普段使わない発電所が稼働し始める。そして予備率が8％を切ると本格的な対策が始まる。具体

的には、

- 前日に予備率8％を切る見込みとなると「電力の需給ひっ迫」と認識され、企業レベルでの節電が本格化する
- それでも前日時点で予備率5％を切る見通しになると、政府から「需給ひっ迫注意報」が発令され、翌日に向けての家庭レベルでの節電が要求されるようになり、
- さらに前日時点で予備率が3％を切る見通しになると「需給ひっ迫警報」が発令される
- ここまでしてもどうにもならずに当日に予備率が1％を下回ると、実需給の2時間程度前から「計画停電の実施」が発表され、政府から強制的に電力の使用が制限される。

という流れで停電対策が実施されていくことになる。

目安としては、

- 予備率5％を切る見込みになったら生活レベルでの節電を意識をせざるを得なくなり、
- 予備率3％を切る見込みになったら、部分的に強制的な停電が始まる覚悟が必要

というところであろう。

ただ我々の生活における節電ポテンシャルは案外大きく、第1章で紹介した2022年6月30日の場合は、前日の予測時点で予備率は3・1％とかなりの危険水準だったのだが、当日の実績は節電の効果の積み重ねで予備率9・3％まで抑えられた。もちろん時間帯によってはかなり綱渡りの電力供給体制となったわけであるが、ただ結果だけを見れば節電の余地が豊富で、節電要請がかなり効果を上げることになった。これは一過性のものではなく、電力需給が厳しいと見られていた7月を通してもそのまま乗り切ることができた。我々は普段結構電気を遠慮なく、過剰なくらいに使っているのである。そういう意味では繰り返しになるが、電力不足と言っても現状のレベルで止まるならば、〝それ自体は〟大きな問題ではないと言えると思う。

もちろん、太陽光発電の不調が長期化したり、ウクライナ戦争の影響で今以上に燃料調達が順調にいかなくなったり、といった追加の事態が起きれば節電ではどうにも対応できなくなるので、供給力の積み増しがあった方が望ましいことは間違いない。ただ現実を見ると、今後10年単位では火力発電は新設よりも廃止が超過する見込みで、東日本で稼働が見込める原子力発電も限定的である。つまり発電能力の大幅な積み増しは短期的には期待できない。そういうわけで東日本に住む我々はこれから少なくとも2〜3年、長ければ10年は電力不足という現象と付き合う覚悟が必要だろう。この現状は東日本大震災以降の10年強の積み重ねで生まれたもので、これを解決するのに10年くらいはかかるのである。

いずれにせよ複合的な要因でこれから数年は東京エリアでは夏冬の電力事情がかなり厳しくなることはほぼ確実で、これに対する有効な対策は節電以外にないのが現状だ。ただ繰り返しになるが、この電力不足に伴う節電自体が我々の生活に深刻な影響を与えるようなことはないだろう。問題は他のところにある。

現状認識③：電力料金はまだ上がる、これは大問題である

さて前項で「電力不足そのものは大きな問題ではない」と述べたが、一方で足下で起きている「電力料金の高騰」という現象は大きな問題である。

目下日本では電力料金が上昇中で、2022年11月時点の消費者物価指数を見ると2021年から我が国の電力料金は20％程度上がっている。これだけでも生活が苦しいのは間違いないが、現状国際的に比較したとき、日本は必ずしも電力料金が高いとは言えない。

代表的に足下の2022年末の大口の電力料金を日独米で比較するとだいたい、

- 日本：22.58円／kWh
- ドイツ：0.175€／kWh（≒24.7円／kWh）
- アメリカ：0.861$／kWh（≒11.4円／kWh）

と日本はアメリカに比べれば高く、ドイツに比べると少し低いという水準である。ただドイツの場合は8月には0.469€／kWh（≒66.1円／kWh）まで上昇しており、非常に変動が激しくなっている。このような値動きは言うまでもなくウクライナ戦争後の天然ガスの市況の影響によるものである。欧州はLNGの調達におけるスポット市場からの割合が高いので、天然ガスの市況に連動する形で価格が乱高下した形だ。日本はLNGに関しては長期契約での調達が多いので、このような市況の変動による影響はこれまで最小限にとどめられてきた。一方このような日欧の苦しみをよそに、シェール革命で天然ガスの自給を実現したアメリカの電力料金は無風状態である。羨ましい。

今後に関してだが、ヨーロッパにおける天然ガス調達のパイプラインからLNGへのシフト、中国－インドの需要増、温暖化対策を見据えた上流投資の不足と、構造面においても需要面においても供給面においても、LNGの争奪戦が激化することが見込まれている。当然値上がりも見込めるわけで、このような情勢で産ガス国が今まで通りの長期契約の更新に応じる可能性は低く、日本も徐々にこうしたスポット市場の乱高下の影響を受けていくことにならざるを得ない。

そして経済産業省はこの点かなり絶望的な予測を提示している。

元々LNGの今後の需給については当面厳しい見込みが示されていた。世界におけるLNGの供給余力について、ロシアがこれまで通りの供給を続けた場合でも2023年～2026年には若干不足することが予測されていた。これが仮にロシアが供給をゼロにした場合は、2028年までLNGの供給力が大幅に不足する見込みとなっている。

実際にはロシアもLNGの供給を続けるため、ここまで極端なことにはならないだろうが、それでも影響は出ざるを得ず、しばらくは市場におけるLNG価格の高騰が予想される。その中で徐々に電力会社の長期契約が終了していくので、火力発電への依存が大きい東日本は、これから電力料金のさらなる高騰を覚悟せざるを得なくなってくるだろう。

こうしたLNG価格の高騰は燃料費調整制度を通じて電力料金に影響してくるわけだが、

電力料金が上がるもう1つの要因として卸売市場の高騰がある。このメカニズムに関しては第3章で解説した通り、kWhの入札が弾切れすると供給曲線が垂直に立ち上がり、一気に値段が高騰する構造になっている。

このような事態を起こさないためには、どういう手を使ってでも国内の老朽火力発電所を維持してなんとか供給力を保っていくしかないが、そうすると高コストな火力発電所から高値で電力を購入して延命させなければならない。するといずれにしろ電力料金は上がる、という結論になる。八方塞がりである。

実際どの水準まで上がるのかを正確に言い当てることは難しいのだが、2022年のドイツの大口の平均電力料金が30円/kWh弱程度だったので、日本としても今の水準からさらに30~40%程度電力料金が上がることは十分に覚悟せざるを得ないかと思う。家庭では40円/kWhの大台に乗る可能性もある。

これは賃金が上がっていない日本では大きな社会問題になるだろう。

特に年金世帯や生活保護世帯にとっては致命的な生活への打撃になりかねず、政治的に大きな課題となることが見込まれる。ただここでも、実際我々が取れる対策は省エネ、節電ということに限られる。

日々の生活の中で、

- 高効率エアコンや、LED電球といった省エネ製品の買い換え
- エアコンよりも省エネになる電気毛布（ひざかけ）や電気カーペットやこたつの利用
- 給湯器利用の控え
- カーテンや窓の見直しによる断熱の工夫

といった細かな工夫をする他、一軒家であれば屋根に太陽光パネルを設置するなどの対策を取っていくしかないだろう。この点についてはEVとの組み合わせの可能性について後述する。

いずれにしろ、時代は厳しい。

予測①：地方は安くて豊富で持続可能な電力システムの構築に成功する

少し暗い話が続いたので、ここで明るい予測をしておこう。ズバリ、「地方は安くて豊富で持続可能な電力システムの構築に成功する」

である。ここで言う「地方」とは九州と北海道である。

九州の電力システムについては第1章で日本が目指すべき姿として記述し、その特徴に、

①豊富なベースロード電源
②豊富なＶＲＥ電源
③電力貯蔵システムの効率的な利用

の3つを挙げた。結果として九州地方は今でも電力料金を上げずに済み、世界的な半導体企業であるＴＳＭＣの誘致などにも成功しているのだが、九州に限らず同様の電力システムを構築できるポテンシャルを持っているのが、北海道である。

北海道も九州と同様に、

- 本州と連系線でつながっているものの限定的で基本的には自己完結した系統を持っており、
- 域内にＰＷＲ方式の大規模な原子力発電を抱えており、

• 域内でVRE電源が豊富に開発されている

という特徴がある。

現状、北海道電力が保有している泊原発は原子力規制委員会の審査を終えておらず、2022年4月に規制委員会の更田豊志委員長（当時）から「専門的な議論に応じられる人材の不足が決定的に審査に影響している。審査に必要な人材拡充への投資を惜しまないでもらいたい」と苦言を呈されている。ただこれは逆に言えば人材の問題さえ乗り越えれば再稼働に向けての手続きが進むことを示唆しているとも受け止められるし、また泊原発がPWRであることを考えると、いずれ北海道電力の体制が整えば再稼働が進むと予測される。そうなると北海道エリアにおいては九州に準ずるような、かなりバランスの取れた電力システムが実現することになる（もちろん北海道電力がこのままなんら改善の姿勢を示さない可能性もあるが……）。

企業が大きな投資を決断するにあたって「安くて豊富な電力」は大前提であるが、今の時代は「SDGs」、特に「脱炭素＝化石燃料からの脱却」が非常に重視されるようになってきている。たとえばiPhoneで知られる世界的な電機企業であるAppleは世界中のサプライヤーに対して2030年までに製造プロセスの脱炭素化を進めることを求めている。具体的には2022年10月25日に以下のような声明を出している。

「Appleは本日、グローバルサプライチェーンに対して、温室効果ガスの排出に対処するための新たな措置を取ること、および脱炭素に向けた包括的なアプローチを取ることを求めました。Appleは、100パーセント再生可能電力で事業を行うなど、主要な製造パートナーのApple関連事業を脱炭素化する取り組みを評価し、年ごとの進捗状況を追跡します。Appleは2020年以降、カーボンニュートラルなグローバルな企業であり、グローバルサプライチェーンとすべての製品のライフサイクル全体でカーボンニュートラルを達成するという野心的な目標に向けて注力しています。世界中で気候変動の影響をますます感じるようになる中、Appleは、世界経済の脱炭素化とコミュニティのための革新的な気候変動ソリューションの推進の支援を目的とする、新しい取り組みと投資も発表しました。これには、ヨーロッパにおける再生可能エネルギーへの大規模投資、企業のクリーンエネルギーへの移行をサポートするパートナーシップ、および世界中で天然の炭素除去およびコミュニティ主導の気候変動ソリューションを前進させるプロジェクトを新たにサポートすることが含まれます。気候変動との闘いは、Appleにとって引き続き最も緊急性の高い優先事項であり、このような機会は、その言葉を実行に移したものです。私たちは、サプライヤーと引き続き協力して2030年までにAppleのサプライチェーンをカーボンニュートラルにすることを待ち望んでいます。気候変動に対するAppleの取り組みをAppleだけで終わらせず、より大きな変化を起こすための波及効果を生む決意をしています」と、AppleのCEO、ティム・クックは述べています」

このようにAppleは気候変動への対応を非常に重視しており、再エネ発の電力の調達をサプライヤーに強く求めている（なお原発に対しては特段態度を示していない）。そしてこのような動きは今後当然他の企業にも広まっていく見込みで、日本企業ではイオンやソニーなどが積極的な姿勢を見せている。

2030年までのスパンで見た時に、日本において安価に有り余るほどの再エネ発の電力を確保できるのはおそらく九州と北海道だけであり、今後こうした先進的な意識を持つ企業の大規模な投資の対象となるのは第一に九州、第二に泊原発稼働後の北海道、あとはせいぜい四国や、九州と四国の波及効果を受けられる中国地方くらいになるであろう。

他方の東京エリアは最も投資が忌避される地域になる可能性が高い。そういう意味では長らく続いてきた大都市圏への投資の集中が、電力インフラの質で是正されるような流れができるのかもしれない。それは東京に住む私にとっては悲しいが、日本全体で見るといいことなのかもしれない。

予測②：軽ＥＶは電力不足の救世主になりうる

大きな話が続いたので、次は生活レベルの予測もしておきたい。それは、「軽ＥＶは首都圏近郊の電力不足の救世主になる」ということである。「電力不足なのにＥＶ？」と思われる方もいるかもしれないが、この時重要になるのはＥＶの乗り物としての価値というより、蓄電池としての価値である。言うまでもなくＥＶには大きな蓄電池が積まれている。現状では日産で言えばリーフなどの標準車には40ｋＷｈ程度、軽自動車仕様のサクラには20ｋＷｈ程度の蓄電池が積まれている。

日本エネルギー経済研究所の推計によれば、2020年度の一般家庭世帯での1年間の電力使用量は4078千kcal程度とされている、これをkWh単位に切り替えるには、4・2をかけてJに変換して3600で割ってWに切り替えればいいので4757kWh程度、1日あたりなら13kWhということになる。一世帯あたりの平均人数は2・21人なので、一人当たりで言えば5・9kWh／日だ。したがってEVの蓄電池を家庭で使うことができれば、多少の電力の損失を考えても、仮に20kWhフルに充電されていれば1〜2日程度、40kWhフルに充電されていれば3〜4日程度はEVの蓄電池を利用して暮らせることになる。2日間まるまる蓄電池からの電力だけで暮らすようなことは余程のことがなければないだろうから、蓄電池の規模としては標準EVでは過大で、軽EVが必要十分な大きさだろう。

これまで述べてきたように、東京エリアは今後10年単位で電力不足の長期化や電力料金の上昇が懸念される状況である。そのような中で、自家に設置した太陽光や電力会社の提供するメニューで、電力が余りがちな晴れの日の昼に電力を蓄電池に貯めて電力料金の削減や危機時の備えとしておくことは、生活防衛の観点で1つの有用な手段となってくるだろう。

このようにEVの蓄電池を利用して家庭の電気をまかなうことを「V to H（Vehicle to Home）」というが、EV後進国と揶揄されることもある日本もこの点はむしろ世界に比べて先んじた立場にある。というのも、日本のEVの充電規格は東京電力が中核となって作られたこともあり、あらかじめ電力業界との連携を前提にして設計されたからだ。現在EV充電器の世界的な主要規格は日本のCHAdeMO、EUと北米のCCS（Combo）、中国のGB／T、これに加えてテスラのスーパーチャージャー（SC）の4種類がある。この中で明確にV to Hを想定しているのは日本のCHAdeMO規格だけである。

ただ幸か不幸か日本は内燃機関車の競争力が高くエネルギー効率が高いこともあり、EV産業の規模ではEUやアメリカ、中国に比して劣っている。そういう中で今注目される動きは、日中連携による新たな充電規格「ChaoJi」の策定である。ChaoJiは日本のCHAdeMO規格と中国のGB／Tを統合する形で作られた標準規格で、日中連携して国際標準規格とすることを目指している。2023年ごろから徐々に既存コネクタから切り替え、2025年以降EVの普及に合わせて生産を本格化していくことを予定している。

これにより、中国は日本から技術を導入し、日本としてはガラパゴス化を避けて世界の市場を相手にビジネスできる環境を得るという、双方にとってウィン-ウィンになる枠組みができる。もちろん米中の対立が激しくなる中で、アメリカの同盟国である日本にとって中国との経済的な連携は相応のリスクを伴う。それでも自動車およびその部材産業が大きな日本としては、世界最大のEV市場となることが確実な中国市場をみすみす失うという選択肢は取り得ない。日本としてはなんとかアメリカの理解を得つつ、中国との連携で充電規格の国際標準を得ることで、EV産業の国際競争力強化を図ることが国益の最大化といえよう。

日本人としては軽EVを買うことで、移動手段としての価値と危機時の備え、電力料金削減という一挙両得ならぬ一挙三得となり、また日本で培った技術、ノウハウを世界に展開して産業競争力を上げるきっかけ作りにも貢献できる。こうした状況を実現するには、政府の政策、消費者の行動、自動車メーカーと電力会社の経営、全てが連動する必要がある。

昨今はテスラのようなメーカーを例に挙げて闇雲にEVを礼賛、推進する人も多いが、日本としての強み、ポジションを踏まえた上できちんと官民連携して、

- エネルギーの利用効率の向上

- EVの蓄電池としての価値の家庭での最大利用
- 国際標準を制しての自動車及びその周辺の産業の競争力強化

という現実の果実を得られるかどうか、日本は今後問われていくことになる。

予測③：第6次エネルギー基本計画は破綻し、原子力立国は復活する

EVというやや生活に近い話をしたので、また大きな話に戻って今度は政府の国策レベルの予測をしておこう。それは、

「第6次エネルギー基本計画は破綻し、原子力立国は復活する」

というものである。

先に述べた通り、第6次エネルギー基本計画で作られた2030年の我が国のエネルギーミックスは、これからたった8年で

- 省エネで電力消費を13%弱減らし、
- 電力供給における再エネの比率を現状の20%弱から倍増近い36～38%まで大幅に拡大

する

という大変野心的、というか無謀に近いものである。電力消費と経済成長は連動するものなので、これは経済成長を諦めて電力消費を減らし、なんでもいいから再エネを乱開発して導入し、一方で原発は既存の発電所のみ再稼働を進めることで、国際公約である「温室効果ガス46％減を意地でも実現する」という大変いい加減な計画である。この計画のいい加減さについては、委員として総合資源エネルギー調査会に参加し、最後まで現実的な視点で計画の矛盾を指摘し続けた日本の電力業界の碩学である橘川武郎委員の言葉を借りることとしたい。以下は委員会議事録での橘川委員の発言抜粋である（若干補足あり）。

「2030年のエネルギーミックスはこのタイミングでつくる必要がないという立場から、原案に反対いたします。今度のCOP26にはNDC（温暖化対策に対する国家目標）を持っていけばいいわけで、ミックスを持ってくる国は他にはないと思います。そして、8年半後のミックスによって投資計画を変える会社もないと思いますので、意味がない」

「この数字をつくってしまったために、例えば天然ガスの2030年の必要量は5500万トンを下回る、今より2000万トン以上下がることが分かってしまって、これがもう既にブルームバーグの報道とかで世界に衝撃を与えています。中国と韓国に比べて、非常に悪い条件で買わされるということが始まっています」

「電力の総需要ですが、不思議なことに、2050年には（現状から）3割から5割増えるのに、2030年には1割減る、つまり分母を減らさないと、再エネと原子力の比率を高くすることができなかった、帳尻合わせのためにこうなっているわけですが、省エネの深掘りの域を超えて、鉄鋼業だとか紙パルプ産業だとかということで、産業狙い撃ちで、産業の縮小によるCO_2削減、こういう考え方が一部入っていることは問題だと思います」

「そして私はこの会議で、ずっと（原発の）リプレースと新増設が必要だと言われていた委員の方がこの案に賛成される意味が分かりません。この原案を読む限り、原子力の将来に対する覚悟も責任も何も読み取ることができません。今までもそうだったのですが、そういう立場の人がこういう原案に賛成されるということは、いかなる意味があるのかということをもう一度考え直していただきたいと思います。以上です」

このように橘川委員は学者生命をかけてこの計画を激烈に批判している。改めて問題点をまとめると

- そもそも今のタイミングで8年後の計画を作る意味がなにもない。企業も投資計画の参考にしない。
- 天然ガスの必要量を低く見積もっており、この結果中国や韓国に比して悪い条件でLNGを買わされている。
- 電力の総需要が2050年には現状より3〜5割増えるのに、2030年には1割減る、という摩訶不思議な前提になっている。こうなったのは国際公約達成のために無理に数字をいじって帳尻合わせをしたからだ。それなのにこの計画達成のために特定の産業を狙い撃ちし縮小させるようなアプローチを取るのは間違っている。
- 原発の将来に対するなんの覚悟もみられず、新増設に関してもリプレースに関しても何も書いていない。

という具合である。
なぜこんなおかしな計画ができてしまったのかというと、国際社会から強い気候変動対策への圧力がかかり、それに対して我が国が国益を考えた適切な反論をせず言われるがままに従ったからである。日本が外圧に弱いというのはよく指摘されることだが、これほど情けない日本政府の姿を見たことは私はなかった。ただ今となっては日本の温室効果ガス46％減は国際公約化しており、これをおろそかにはできない。「温室効果ガスの削減目標など努力目標に過ぎないのだから守らなくてもいい」という極論を取ることもできるが、京都議定書とは違い世界中の国が参加している現行のパリ協定の枠組みをあからさまに無視するような行動を取れば、日本とて国際的に孤立せざるを得なくなるだろう
私は科学者ではないので「地球温暖化の原因が本当に温室効果ガスによるものかどうか」ということは分からないし、実のところ多少疑問に思わないわけでもないのだが、この点については少なくとも「政治的事実」になっていることは重々認識している。例えば2018年に出された気候変動に関する政府間パネル（IPCC）の「1.5℃特別報告書」では、

- 人為活動は約1℃の地球温暖化をもたらしたと推定される
- 人為起源の地球温暖化は10年で約0・2℃進んでいる

とされ、CO_2やメタンなどの温室効果ガスの今後の排出量次第で地球温暖化の程度が左右されると結論づけられている。変な言い方だが、これは国際政治における政治的な科学的合意であり、日本が国際社会に参加し続ける限りはこうした認識に基づいて良くも悪くも行動せざるを得ないのである。

いずれにしろ未来永劫化石燃料が採掘され続けるわけではないし、地球の人口が増え世界経済がますます発展していけば燃料消費が増えて化石燃料の逼迫度合いは増していくのだから、長期的には化石燃料からの脱却が人類社会に求められることは間違いない。であれば温室効果ガスの削減目標に関しても「とにもかくにも〝政治的に〟達成しなければならないこと」と認識して、この機会をチャンスに変えるよう活かすしかないというのが〝政治的〟現実であろう。

ただそれにしても第6次エネルギー基本計画が非現実的なことは間違いないので、早晩この非現実的な計画は軌道修正を迫られることになるだろう。そうなった時に、我が国が立ち戻るところは、結局無様に打ち捨てられた「原子力立国」そして、その中核となる「核燃料サイクルの推進」しかない。

改めて振り返ると原子力立国の肝は2030年までに原子力発電の供給割合を30～40％程度とすることを目指し、そのために、

①新規発電所の立地に取り組み、
②2030年以降はスケールメリットを活かすために大型軽水炉の建設を進め、
③使用済み核燃料処理を進めるために2050年までに高速増殖炉サイクルを実現する。

というものだった。この目標はちょうどエネルギー基本計画の未整備な部分を埋めるような形となっており、おそらく2020年代後半にほぼそのままの形で復活することになるだろう。それ以外に我が国が国際公約とした「2030年の温室効果ガス46％減」という目標を達成する手段はない。

やはり核燃サイクルは今でも「やめられない、止まらない」のである

提言①：ＡＢＷＲ型の原発の防護は国策として一元化すべきである

続いて今後の原子力政策について思うところをまとめておく。

まずそもそも「原子力発電を利用するかどうか」という点については、私は「利用する以外に現実的な選択肢がない」というふうに考えている。すでに原発は存在し、大量に使用済み核燃料を保管しており、稼働しようがしまいが危険な場所になっている。それならば原発を利用することで使用済み核燃料という危険物を管理するための原資を稼ぎ、その資金を管理にあてた方が事業者が責任をもって管理するし、効率的で安全だと思っている。結局ビジネスにならないことは企業は真面目にやらない。もちろんこれには異論があるだろうし、どの程度活用するかでも意見は分かれると思うが、あくまで私の考えである。

ただこうした私の個人的考えを超えた文脈として、２０３０年の温室効果ガス46％削減という国際公約の達成を目指した時に、原発活用という選択肢を取らねばならなくなるのは先に述べた通りである。これは倫理的な問題ではなく、現実の制約の問題である。ここで少し遅ればせながら、２０３０年の温室効果ガス46％削減、という国際公約がいかに重要で、そして馬鹿げた理由で作られたかについて少し述べておこう。

この話のキーとなるのはパリ協定だ。

パリ協定は、２０１５年にフランス・パリで開催された第21回国連気候変動枠組条約締約国会議（ＣＯＰ21）で締結された、２０２０年以降の温室効果ガス排出削減のための新たな国際的枠組みである。このパリ協定の特徴としては、

- 先進国のみが参加した京都議定書とは異なり、全ての国が参加する公平な合意となっていること
- 長期目標として産業革命前からの平均気温の上昇を2℃より十分下方に保持し、１・５℃に抑える努力を追求すること
- 参加国は自主的に削減目標を掲げ、５年ごとに見直し改善していく「プレッジ・アンド・レビュー方式」であること

このような点がある。つまり5年ごとに見直すタイミングで気候変動の世界的なムーブメントが起きるように設計されている。ＩＰＣＣから２０１８年に発表された「１・５℃特別報告書」では、パリ協定で努力目標とされている「１・５℃目標」を達成するには、温室効果ガスの排出について「２０３０年までに45％削減」し、「２０５０年には実質CO_2排

出をゼロ」にする「カーボンニュートラル」を達成する必要がある、とされている。日本としてはこの「2030年までに45％削減」という目標を少しでも上回らなければならないと、とある交渉担当であったセクシーな政治家が判断し「2030年までに46％の温室効果ガスの削減」という目標が掲げられることになったのである。書いていてその無責任さに唖然とする。とはいえ、こうした国際的な脱炭素化にむけた潮流はもはや覆る可能性は低く、日本として目標を掲げてしまった以上、取り下げることは困難である。

必然的に原子力政策もこれから大幅に見直されていくことになるだろう。当然政府として、「原発をどのように、どれだけ使い、そして廃炉させていくのか」を具体的に決めていかなければならなくなる。岸田政権としてもこの点は認識しており、既に原発の運転期間について制度の見直し方針が表明されている。原発の運転期間について以前は制限がなかったが、福島第一原発事故後に見直されて運転できる期間が原則40年とされ、その後一度に限り最大20年まで延長できるとされた。現在稼働する可能性がある原発は36基だが、そのうち再稼働している原発は10基にとどまる。残り26基については、

- 3基については再稼働に向けて準備中

・4基は設計についての原子力規制委員会の許可は出たものの問題があり、その対応のためまだ再稼働に向けて本格的に検討に至っていない
・10基については原子力規制委員会の審査中
・9基については未申請

という状態で、過半の発電機の位置付けが不明確な状態にある。

にもかかわらず、ここで厳密に前述の「40年」という運転期間制限を適用した場合、2023年以降稼働できる原発は急速に減っていくことになる。そこで「審査や点検での停止中は期間の中にカウントしない」といった形で先送り措置が取られる方針だ。

今後はここから踏み込んで、どの原発を活かしてどの原発を廃炉するのか、さらには計画中/建設中の案件はどうするのかということを、六ヶ所村の再処理工場の稼働やエネルギー基本計画の見直しが見込まれる2025年ごろまでにはっきりさせ、必要に応じて新設も決断しなければならなくなる。

その過程で重要になるのが、大間原発や東通原発、島根原発といった建設中のABWR型の原発の扱いである。先に述べたように東日本大震災以後我が国ではBWR型の原発は

稼働していない。そういう意味で大きな試金石になるのが、2023年中に予定されている柏崎刈羽原発6・7号機の再稼働であろう。同原発はABWR型であり、ここで確立された規制委員会の審査への対応ノウハウ、また、避難計画の立案ノウハウ、そしてその実行のノウハウが全国のABWR型原発に横展開されるかどうかが、今後の原子力政策を左右することになる。

仮に何らかの事情で柏崎刈羽原発の再稼働がうまくいかず、東京電力の手に負えない事態に陥った場合、原子力発電の国内の推進体制の大幅な見直し、ABWR型原発の大型再編などが求められることになるだろう。私自身としては、避難計画の立案や訓練という住民の生活への影響が避けられないABWR型の原発の運営を一企業に責任を負わせ続けるのは無理があると考えている。少なくとも安全保障と密接に関係する原発の防護や緊急時の対応については国策として1つの会社に集約し、国が積極的に関与する仕組みを作っていくことが必要不可欠なのではないだろうか。

他にも2025年ごろには六ヶ所村の再処理工場の稼働など、原子力行政の今後を占うビッグイベントが待ち構えており、これから2025年にかけてが原子力行政、電力行政にとって正念場となることは間違いない。そしておそらくその過程で、かつて経産省と東電の間でおきたような激しい権力闘争が与党内で起きることになるだろう。

提言②：ロシアとの関係を続けるために、防衛能力を拡充して交渉材料を持つべき

最後に外交、安全保障政策と今後の資源政策の関係について考えてみたい。

これからの資源調達のあり方を考えるにあたって、逃げられない難しい論点がある。それは「どのようにロシアと付き合っていくのか」ということである。

2022年2月24以降ロシアはウクライナに軍事侵攻（以後「ウクライナ戦争」）中であるが、この戦争は明らかに国連憲章に反するものである。戦闘においても戦時国際法への違反が疑われるような行為が相次いでおり、この戦争を正当化する要素はほぼ皆無に近い。こうしたロシアの行動に対して、米欧を中心に国際金融網からのロシアの排除を中心とした経済制裁が実行され日本も加わっているが、他方でエネルギー分野に関しては難しい判断が迫られている。

日本はロシアに対して2021年の時点で、

- 原油において3・6%

・石炭において11%
・LNGにおいて8・8%

を頼っていた。ロシアとの関係が深かった欧州諸国に比べれば強く依存しているわけではないが、それでもそれなりの大きさの取引はあり、関係がなくなると日本の資源確保も厳しくなる。日本とロシアの貿易規模は2021年の時点で1・5兆円程度で、その6割弱がこの3品目の取引なので、概ね1兆円規模の化石資源の取引があるということになる。

こうなるとロシアへの経済制裁の一環として、

「日本としては侵略を許さない意思を明確に示すために資源の分野でもロシアとの関係を縮小していくべきだ」

という声が上がってくるのは極めて自然なことなのだが、実のところそれは経済的にはあまり意味がないことである。

なぜならば、日本が化石燃料の取引量を減らすと、すぐに中国とインドという新興2大国が浮いた資源を買い取ることになるだけだからだ。現にロシアとインドの取引はウクライナ戦争前後で3・5倍近くにも拡大し、中国も30%程度伸びた。インドはこれまでロシアと原油の取引をしてこなかったが、急激に拡大した形だ。こうした中印の支えもあり、欧米からの各種の経済制裁にもかかわらず2022年のロシア経済の落ち込みはマイナス3・4％と、当初の予想（マイナス9％程度）に比べればかなり立て直している。

とはいえ日本として外交的に敵対に近い関係にある国に1次エネルギーを依存することはリスクが高く好ましくないので、民間企業の自主的判断もあり石炭と石油に関しては取引量が激減している。2022年10月の段階で石炭の輸入は75・7％減、石油に至っては0になっている。この分はアメリカやオーストラリアなど安全保障上の立場が近い国からの調達を増やすことでカバーされている。問題はLNGで、LNGに関してはむしろロシアとの取引量が34・9％増えている。

これには3つの理由がある。

- まず1つ目は、天然ガスに関しては上流投資不足で将来の供給不足が懸念されること
- 2つ目はロシアの天然ガス開発に関しては日本企業がかなり参画しており、当事者となっていること
- 3つ目は、日本がロシアからのLNG調達を減らすと、アメリカのLNGを欧州と奪

いあうことになってしまい、欧州諸国の支援にならないこと

それぞれ見ていくと、天然ガスについては10年と少し前から投資が減少傾向にあり、加えて足下ではコロナ禍で需要と供給のバランスが崩れ市況が崩壊したため、もう一段投資が減少した。他方で今後、火力資源の石炭からＬＮＧへの切り替えの文脈や中国の経済発展の影響などで需要の拡大が予測されており、大幅な投資不足が確実視される状況にある。そのような中で日本は自前の資源開発プロジェクトを増やすべく、北極海航路という新たな航路の開拓を前提に積極的にロシア各地域のＬＮＧ開発プロジェクトに直接、間接的に参画してきた。具体的には、

- サハリン１（生産中）：日本連合のＳＯＤＥＣＯが30％出資
- サハリン２（生産中）：三井物産が12・5％、三菱商事が10％出資
- ヤマルＬＮＧ（生産開始）：日本企業が開発、砕氷船納入を受注
- 北極ＬＮＧ２（開発中）：日本勢が10％出資、２０２３年ごろから生産開始予定

という具合だ。

仮に日本勢がここから撤退しても、これまで投資や開発をしてきた果実が中国やインドに奪われるだけである。そのため「乗りかかった船」としてもはや降りがたい状態にある。

最後にウクライナ戦争以後のLNGの需給変化を考えれば、ここで日本がロシアからのLNG輸入を減らすことは、必ずしもウクライナ及びそれを支える欧州の支援とはならない可能性が高い。というのも、欧州がロシアからのパイプラインによる天然ガス輸入をLNG輸入に切り替えた結果、世界的にLNG輸入が逼迫化し、日本-韓国市場と欧州市場の価格が連動するようになったからだ。そのため日本がLNG不足になり市場価格が高騰すると、欧州のLNG調達が困難になる一因となってしまう。現状アメリカが安いLNGの欧州輸出によって欧州のガス不足を支えている構造を、壊してしまうことにつながりかねないのだ。

以上のことから、当面日本はロシアとの関係を継続すべきである。

それでも緊張関係が続くことは間違いないので、日本としてもロシアに対抗できる交渉材料を十分に用意する必要がある。そのために重要になるのは、北極海航路において重要海峡となる宗谷海峡や津軽海峡、対馬海峡の管理国としての、また中国に向かう輸出船の寄港地としての地位であろう。

言うなれば日本は北極海航路という、ロシアが未来を賭けて開拓した海の道の出口のドアの開閉を管理できる立場にある。これは黒海の出口となるボスポラス海峡、ダーダネルス海峡の管理権限を行使してロシアとの交渉を可能としているトルコと似たような立場である。おりしも防衛力の強化が議論されているが、今後資源エネルギー政策と安全保障政策を連動した議論が展開されることを期待したい。

まとめ：電力事業は国策か、ビジネスか

以上この章ではおこがましくも、

- 電力システム改革は今のところ上手くいっていない
- 東日本の電力不足は長期化するが、それ自体は大きな問題ではない
- 電力料金はまだ上がる、これは大問題である
- 地方は安くて豊富で持続可能な電力システムの構築に成功する
- 軽ＥＶは電力不足の救世主になる

- 第6次エネルギー基本計画は破綻し、原子力立国は復活する
- ABWR型の原発の防護は国策として一元化すべきである
- ロシアとの関係を続けるために、防衛能力を拡充して交渉材料を持つべき

という大それた個人的な見解を披露させていただいた。これがどの程度当たるかどうかはわからないが、読者の皆様が将来を想定するにあたっての一つの材料にしていただければ幸いである。

ただこうした個別の議論とは別に、私が本書を執筆するにあたって強く感じたのは「電力事業は国策か、ビジネスか」という視点である。これは桃介と安左エ門の生き方にも通じる話である。桃介が電力国策論を支持したのは「電力事業をビジネスとすると、自分のような拝金主義者が短期の目線で好き勝手やって全体最適を乱してしまう」と考えたからのように思えるし、一方の安左エ門が電力民営論を唱えたのは「電力のような重要な産業を硬直的にしか動けない国家に任せると、まともに管理すらできず国が崩壊する」と考えたからのように思う。この2つの視点は、現代に当てはめてもそのまま適用できるものである。

そういう意味では電力国策論も電力民営論も正しく、戦後行き着いた「国策民営」という電力事業の体制は妥当なように思う。ただその中でも時々によって国策寄りに振れたり、ビジネス寄りに振れたり、2つの価値観の間を行き来しながらも前に進んできたのが戦後の電力産業の歴史であったように私の目には映る。

これから先も電力産業は国策とビジネスの間を振れながら、その中で色々な人間が、学び、行動し、暗躍し、闘争して、時代の変化に応じた新しいシステムを作り上げていくのだろう。そういう意味では電力システムはただの冷たい構築物ではなく、先人たちの、そして今を生きる人たちの、志や思想や情熱や欲望が集まって具現化したものであるし、そこに面白さがあると思う。

実際私自身(大変苦しんだが)この本を書き上げることができたのは、福澤桃介と、そして何よりも松永安左エ門という人間の面白さに支えられてのことであった。なのでこの本の最後は安左エ門への感謝も込め、彼自身が電力事業について語った言葉で締めることとしたい。

「電力事業の理想というものは、ほんとうは一国のエネルギー源を多くして、安くして、そしてこれを使う人をよりよく教育して、各業の相互関連においてできるだけ早く近代的な設備と技術を完成することです。電力供給する側も、使う人もそれをできるだけ上手に作り、また使うようにしていくことで、ここにはじめて産業は開発されていく。昔も今も何も変わらない」

そう、電力システムの本質は昔も今も何も変わらないのである。

参考文献

〈第1章　なぜ今電力不足が起きているのか〉

- 大槻義彦、大場一郎編『新・物理学辞典』（講談社、二〇〇九年）
- 堀田栄喜、藤田英明、川嶋繁勝ほか編『工業388　電気基礎1　新訂版』（実業出版、二〇一七年）
- 電力50編集委員会監修、オーム社編『電力・エネルギー産業を変革する50の技術』オーム社、二〇二一年）
- 小池康郎『文系人のためのエネルギー入門：考エネルギー社会のススメ』（勁草書房、二〇一一年）
- 小学館『デジタル大辞泉』
- 東北電力「電気の歴史をつくった偉大なできごと」（https://www.tohoku-epco.co.jp/kids/adv04_03.html）
- 東京電力エナジーパートナー「主な電気機器のアンペアの目安」（https://www.tepco.co.jp/ep/private/ampere2/ampere03.html）

- 東京ガス株式会社「2022年7月分の燃料費調整のお知らせ」(https://home.tokyo-gas.co.jp/power/ryokin/tanka/pdf/chousei2207.pdf)
- 東京ガス「再生可能エネルギー固定価格買取制度（賦課金等）について」(https://home.tokyo-gas.co.jp/power/ryokin/shikumi/saiene.html)
- 中部電力「浜岡原子力発電所　皆さまからいただく質問」(https://www.chuden.co.jp/energy/nuclear/nuc_qa/)
- 経済産業省「明日6月30日も東京電力管内で電力需給が厳しくなる見込みのため引き続き節電のご協力をお願いします【電力需給ひっ迫注意報（第7報）】」(https://www.meti.go.jp/press/2022/06/20220629004/20220629004.html#:~:text=%E4%B8%80%E6%96%B9%E3%81%A7%E3%80%81%E7%8F%BE%E6%99%82%E7%82%B9%E3%81%A7%E3%81%AE%E7%AF%80%E9%9B%BB%E3%82%92%E3%81%8A%E9%A1%98%E3%81%84%E3%81%97%E3%81%BE%E3%81%99%E3%80%82)
- 東京電力パワーグリッド「最大電力実績カレンダー（東京エリア）」(https://www.tepco.co.jp/forecast/html/calendar-j.html?month=6)
- 再生可能エネルギー電子申請サイト「再生可能エネルギー電気の利用の促進に関する特別措置法　情報公表用ウェブサイト」(https://www.fit-portal.go.jp/PublicInfoSummary)
- 経済産業省「第77回制度設計専門会合事務局提出資料〜自主的取組・競争状態のモニタリング報告〜

（令和4年4月～令和4年6月期）」（https://www.emsc.meti.go.jp/activity/emsc_system/pdf/077_06_00.pdf）

- 柏崎市「1 柏崎刈羽原子力発電所の概要」（https://www.city.kashiwazaki.lg.jp/material/files/group/19/202203_hatsudenshogaiyou.pdf）
- 河北新報「女川原発2号機、24年2月に再稼働　東北電、初めて具体的な時期示す」（https://kahoku.news/articles/20220330khn000039.html）
- 経済産業省「エネルギー情勢について」（https://www.env.go.jp/council/06earth/y0617-01/900424642.pdf）
- 経済産業省「総合資源エネルギー調査会　電力・ガス事業分科会電力・ガス基本政策小委員会　省エネルギー・新エネルギー分科会省エネルギー小委員会　合同　石炭火力検討ワーキンググループ　中間取りまとめ」（https://public-comment.e-gov.go.jp/servlet/PcmFileDownload?seqNo=0000218426）
- 日本経済新聞「石炭火力の輸出支援、首相が年内終了を表明　G7で足並み」（https://www.nikkei.com/article/DGXZQOUA132V40T10C21A6000000/）
- 日本貿易保険「石炭火力発電に関する新規引受の終了について」（https://www.nexi.go.jp/topics/newsrelease/2021122102.html）
- 日本貿易振興機構「欧州委、ロシア産ガス供給停止に備え、ガス需要削減計画と削減義務化規則案を発表（EU、ロシア）」（https://www.jetro.go.jp/biznews/2022/07/274e16162ced162.html）

●資源エネルギー庁「令和3年度エネルギーに関する年次報告（エネルギー白書2022）第3節　一次エネルギーの動向」（https://www.enecho.meti.go.jp/about/whitepaper/2022/html/2-1-3.html）
●朝日新聞「千葉のLNG火力発電所計画から九電撤退　東京ガスは単独で計画続行」（https://www.asahi.com/articles/ASQ6H6KR4Q6HULFA00Z.html）
●独立行政法人新エネルギー・産業技術総合開発機構スマートコミュニティ部「「安全・低コスト大規模蓄電システム技術開発」（中間評価）分科会資料　5－1「安全・低コスト大規模蓄電システム技術開発」事業原簿【公開】」（https://www.nedo.go.jp/content/100542669.pdf）
●電力広域的運営推進機関「電力需要想定および電力需給計画算定方式の解説（抄）」（https://www.occto.or.jp/kyoukei/teishutsu/files/kaisetu.pdf）

〈第2章　9電力体制はどのように誕生したか〉

●松永安左エ門『喝！　日本人』（実業之日本社、二〇〇二年）
●浅利佳一郎『鬼才福澤桃介の生涯』（日本放送出版協会、二〇〇〇年）
●橘川武郎『松永安左エ門　生きているうち鬼といわれても』（ミネルヴァ書房、二〇〇四年）

・日本電気協会中部支部「中部エネルギーを築いた人々」（https://www.chubudenkikyokai.com/archive/energy/）
・日本産業技術史学会編『日本産業技術史事典』（思文閣出版、二〇〇七年）
・矢野恒太記念会『数字でみる日本の100年（改訂第7版）』（矢野恒太記念会、二〇二〇年）
・中井修一『鬼の血脈「電力人」135年の軌跡』（エネルギーフォーラム、二〇二二年）
・J-Net21「「松永安左ヱ門」官に抗し9電力体制を築いた男（第3回）」（https://j-net21.smrj.go.jp/special/venture/20050118.html）
・J-POWER「事業情報　送変電事業について」（https://www.jpower.co.jp/bs/souhenden/about.html）
・石井彰三、熊谷文宏ほか14名『工業392　電力技術1　新訂版』（実業出版、二〇一八年）
・南部鶴彦『エナジー・エコノミクス　第2版』（日本評論社、二〇一七年）
・日本ガイシ「がいしの歴史　第四章　日本の電灯事業・発電事業の始まりと広がり」（https://www.ngk.co.jp/gaishi-h/chapter4/）
・日本電気協会関東支部「電気ゆかりの地を訪ねて vol.6　日本発の配電線による電灯供給　第2電燈局」（https://www.kandenkyo.jp/pdf/yukari%20vol6.pdf）
・ウィキペディア「広滝水力電気」（https://ja.wikipedia.org/wiki/%E5%BA%83%E6%BB%9D%E6%B0%B4%E5%8A%9B%E9%9B%BB%E6%B0%97）

- 加藤三明「慶應義塾史跡めぐり　第46回　電力王　福澤桃介」（『三田評論』二〇一〇年五月）
- 日本ダム協会「ダム便覧2021　多井ダム」（http://damnet.or.jp/cgi-bin/binranA/All.cgi?db4=1057）
- 南部鶴彦編『電力自由化の制度設計　系統技術と市場メカニズム』（東京大学出版会、二〇〇三年）
- 日本貿易振興機構「電力再国有化に向けた憲法改正案に反対の声が相次ぐ（メキシコ）」（https://www.jetro.go.jp/biznews/2021/10/9a148dfcd19524af.html）
- 日本貿易振興機構「電力再国有化に向けた憲法改正案は否決、経済界は歓迎（メキシコ）」（https://www.jetro.go.jp/biznews/2022/04/fa349c31238b172c.html）
- 小学館『デジタル大辞泉』

〈第3章　電力自由化はなぜ上手くいっていないのか〉

- 橘川武郎『松永安左エ門　生きているうち鬼といわれても』（ミネルヴァ書房、二〇〇四年）
- 資源エネルギー庁「令和3年度エネルギーに関する年次報告（エネルギー白書２０２２）　第4節　二次エネルギーの動向」（https://www.enecho.meti.go.jp/about/whitepaper/2022/html/2-1-4.html）
- 小学館『デジタル大辞泉』

●経済産業省「電力システム改革専門委員会報告書」（https://warp.da.ndl.go.jp/info:ndljp/pid/11445532/www.enecho.meti.go.jp/category/electricity_and_gas/electric/system_reform001/pdf/20130515-1-1.pdf）

●電気事業連合会「発電設備と発電電力量」（https://www.fepc.or.jp/smp/nuclear/state/setsubi/index.html）

●エネルギー情報局「新電力のシェアはどうなっているのか？」（https://j-energy.info/?page=pps）

●内閣府原子力委員会「原子力政策大綱」（http://www.aec.go.jp/jicst/NC/tyoki/tyoki.htm）

●総合資源エネルギー調査会電気事業分科会原子力部会「報告書～「原子力立国計画」～」（https://www.rwmc.or.jp/law/file/shiryo_13.pdf）

●原子力委員会「原子力政策大綱」（http://www.aec.go.jp/jicst/NC/tyoki/taikou/kettei/siryo1.pdf）

●中井修一『鬼の血脈　「電力人」135年の軌跡』（エネルギーフォーラム、二〇二二年）

●資源エネルギー庁「「六ヶ所再処理工場」とは何か、そのしくみと安全対策（前編）」（https://www.enecho.meti.go.jp/about/special/johoteikyo/rokkasho_1.htm）

●舩橋晴俊、長谷川公一、飯島伸子『核燃料サイクル施設の社会学』（有斐閣、二〇一二年）

●電気事業連合会「プルトニウム利用計画」（https://www.fepc.or.jp/about_us/pr/oshirase/__icsFiles/afieldfile/2022/02/18/press_20220218_2.pdf）

●高橋洋『エネルギー政策論』（岩波書店、二〇一七年）

●資源エネルギー庁「令和2年度エネルギーに関する年次報告（エネルギー白書2021）　第2部　エネルギー動向 第1章　国内エネルギー動向 第4節　二次エネルギーの動向」（https://www.enecho.meti.go.jp/about/whitepaper/2021/html/2-1-4.html）
●東京新聞「福島第一原発の事故処理費用、10年間で13兆円　政府想定21・5兆円超える懸念強く」（https://www.tokyo-np.co.jp/article/93087）
●東京電力ホールディングス「原子力損害賠償・廃炉等支援機構からの資金の交付について」（https://www.tepco.co.jp/press/release/2022/hd11116_8712.html）
●資源エネルギー庁「電力システム改革について」（https://www.enecho.meti.go.jp/category/electricity_and_gas/electric/electricity_liberalization/pdf/system_reform.pdf）
●電力・ガス取引監視等委員会「第74回 制度設計専門会合
●事務局提出資料　～自主的取組・競争状態のモニタリング報告～（令和4年1月～令和4年3月期）」（https://www.emsc.meti.go.jp/activity/emsc_system/pdf/074_04_00.pdf）
●電力・ガス取引監視等委員会「スポット市場価格の動向等について」（https://www.emsc.meti.go.jp/activity/emsc_system/pdf/075_03_00.pdf）
●資源エネルギー庁「安定供給に必要な供給力の確保について」（https://www.meti.go.jp/shingikai/enecho/denryo

ku_gas/denryoku_gas/pdf/054_04_01.pdf）

- 経済産業省「2020 年度冬期の電力需給ひっ迫・市場価格高騰に係る検証中間取りまとめ」（https://www.meti.go.jp/press/2021/06/20210616003/20210616003-3.pdf）
- 資源エネルギー庁「再エネの大量導入に向けて」（https://www.meti.go.jp/shingikai/enecho/denryoku_gas/saisei_kano/pdf/042_01_00.pdf）
- 電気事業連合会「発電設備と発電電力量」（https://www.fepc.or.jp/smp/nuclear/state/setsubi/index.html）
- 資源エネルギー庁「今後の再生可能エネルギー政策について」（https://www.meti.go.jp/shingikai/enecho/denryoku_gas/saisei_kano/pdf/040_01_00.pdf）
- 経済産業省「第 6 次エネルギー基本計画が閣議決定されました」（https://www.meti.go.jp/press/2021/10/20211022005/20211022005.html）
- 資源エネルギー庁「これまでのエネルギー基本計画について」（https://www.enecho.meti.go.jp/category/others/basic_plan/past.html#energy_mix）

〈第4章　電力の未来はどうなるか〉

- 資源エネルギー庁「電力需給対策について」(https://www.meti.go.jp/shingikai/enecho/denryoku_gas/denryoku_gas/pdf/051_03_01.pdf)
- 資源エネルギー庁「今後の火力政策について」(https://www.meti.go.jp/shingikai/enecho/denryoku_gas/denryoku_gas/pdf/052_05_01.pdf)
- 総務省「2020年基準　消費者物価指数」(https://www.stat.go.jp/data/cpi/sokuhou/tsuki/pdf/zenkoku.pdf)
- 新電力ネット「電気料金単価の推移」(https://pps-net.org/unit)
- statista「Average monthly electricity wholesale prices in selected countries in the European Union (EU) from January 2020 to December 2022」(https://www.statista.com/statistics/1267500/eu-monthly-wholesale-electricity-price-country/)
- 資源エネルギー庁「化石燃料を巡る国際情勢等を踏まえた新たな石油・天然ガス政策の方向性について」(https://www.meti.go.jp/shingikai/enecho/shigen_nenryo/sekiyu_gas/pdf/019_03_00.pdf)
- Apple Newsroom「Apple、グローバルサプライチェーンに対して2030年までに脱炭素化することを要請」(https://www.apple.com/jp/newsroom/2022/10/apple-calls-on-global-supply-chain-to-decarbonize-by-2030/)

・ＥＶ ＤＡＹＳ「ＥＶを家庭用電源にする「Ｖ２Ｈ」とは？　仕組みやメリットをイラストで解説！」(https://evdays.tepco.co.jp/entry/2021/03/22/000003)

・CHAdeMO協議会「ChaoJi日中合同イベント（6月19日開催レポート）」(https://www.chademo.com/ja/chaojievent0619)

・日本エネルギー経済研究所計量分析ユニット『２０２２　ＥＤＭＣ　エネルギー・経済統計要覧』(理工図書、二〇二二年)

・総務省「令和2年国勢調査」(https://www.stat.go.jp/data/kokusei/2020/kekka/pdf/outline_01.pdf)

・資源エネルギー庁「第48回総合資源エネルギー調査会基本政策分科会」(https://www.enecho.meti.go.jp/committee/council/basic_policy_subcommittee/2021/048/048_014.pdf)

・環境省「ＩＰＣＣ「1・5℃特別報告書」の概要」(https://www.env.go.jp/content/900442309.pdf)

・全国地球温暖化防止活動推進センター「各国の温室効果ガス削減目標」(https://www.jccca.org/download/13233)

・環境省「パリ協定の概要」(https://www.env.go.jp/content/900440463.pdf)

・外務省「２０２０年以降の枠組み：パリ協定」(https://www.mofa.go.jp/mofaj/ic/ch/page1w_000119.html)

・読売新聞「原発「10年ごと認可」の新ルール、規制委が了承…60年超運転が可能に」(https://www.yomiuri.co.jp/science/20221221-OYT1T50116/)

●関西電力「原子力発電所の運転期間と制度」(https://www.kepco.co.jp/energy_supply/energy/nuclear_power/anzenkakuho/koukeinenka.html)
●日本原子力文化財団「2章　原子力開発と発電への利用　日本の原子力施設の状況」(https://www.jaero.or.jp/sogo/detail/cat-02-02.html)
●資源エネルギー庁「日本のエネルギー２０２１年度版　１安定供給」(https://www.enecho.meti.go.jp/about/pamphlet/energy2021/001/)
●資源エネルギー庁「エネルギーの安定供給の再構築」(https://www.enecho.meti.go.jp/committee/council/basic_policy_subcommittee/2022/050/050_004.pdf)
●日本貿易振興機構「ロシア　概況・基本統計」(https://www.jetro.go.jp/world/russia_cis/ru/basic_01.html)
●資源エネルギー庁「化石燃料を巡る国際情勢等を踏まえた新たな石油・天然ガス政策の方向性について」(https://www.meti.go.jp/shingikai/enecho/shigen_nenryo/sekiyu_gas/pdf/018_03_00.pdf)
●北海道「北極海航路の利活用に向けた方針」(https://www.pref.hokkaido.lg.jp/fs/5/2/1/0/2/6/5/_/R01_feri.pdf)

※ウェブサイトは二〇二三年一月二八日閲覧。

電力危機 私たちはいつまで高い電気代を払い続けるのか？

二〇二三年二月二〇日 第一刷発行

著者 宇佐美典也
©Noriya Usami 2023

発行者 太田克史

編集担当 片倉直弥

発行所 株式会社星海社
〒一一二-〇〇一三
東京都文京区音羽一-一七-一四 音羽YKビル四階
電話 〇三-六九〇二-一七三〇
FAX 〇三-六九〇二-一七三一
https://www.seikaisha.co.jp

発売元 株式会社講談社
〒一一二-八〇〇一
東京都文京区音羽二-一二-二一
(販売) 〇三-五三九五-五八一七
(業務) 〇三-五三九五-三六一五

印刷所 凸版印刷株式会社

製本所 株式会社国宝社

アートディレクター 吉岡秀典（セプテンバーカウボーイ）
デザイナー 山田知子＋門倉直美（チコルズ）
フォントディレクター 紺野慎一
校閲 鷗来堂

ISBN978-4-06-530311-5
Printed in Japan

251
SEIKAISHA SHINSHO

次世代による次世代のための

武器としての教養
星海社新書

星海社新書は、困難な時代にあっても前向きに自分の人生を切り開いていこうとする次世代の人間に向けて、ここに創刊いたします。本の力を思いきり信じて、みなさんと一緒に新しい時代の新しい価値観を創っていきたい。若い力で、世界を変えていきたいのです。

本には、その力があります。読者であるあなたが、そこから何かを読み取り、それを自らの血肉にすることができれば、一冊の本の存在によって、あなたの人生は一瞬にして変わってしまうでしょう。思考が変われば行動が変わり、行動が変われば生き方が変わります。著者をはじめ、本作りに関わる多くの人の想いがそのまま形となった、文化的遺伝子としての本には、大げさではなく、それだけの力が宿っていると思うのです。

沈下していく地盤の上で、他のみんなと一緒に身動きが取れないまま、大きな穴へと落ちていくのか？　それとも、重力に逆らって立ち上がり、前を向いて最前線で戦っていくことを選ぶのか？

星海社新書の目的は、戦うことを選んだ次世代の仲間たちに「武器としての教養」をくばることです。知的好奇心を満たすだけでなく、自らの力で未来を切り開いていくための〝武器〟としても使える知のかたちを、シリーズとしてまとめていきたいと思います。

2011年9月

星海社新書初代編集長　柿内芳文